绿 色 中 国 茶 山 行

攸乐山：青山寻茶

任维东◎著

云南人民出版社

图书在版编目（CIP）数据

攸乐山 ：青山寻茶 / 任维东著. -- 昆明 ：云南人民出版社，2024.2
（绿色中国茶山行）
ISBN 978-7-222-20576-5

Ⅰ. ①攸… Ⅱ. ①任… Ⅲ. ①茶文化－云南 Ⅳ. ①TS971.21

中国国家版本馆CIP数据核字(2023)第079558号

责任编辑：高 照
责任校对：陈 锴 董郎文清
装帧设计：昆明昊谷文化传播有限公司
责任印制：李寒东

绿色中国茶山行
攸乐山：青山寻茶
YOULE SHAN：QINGSHAN XUN CHA
任维东 著

出 版 云南人民出版社
发 行 云南人民出版社
社 址 昆明市环城西路609号
邮 编 650034
网 址 www.ynpph.com.cn
E-mail ynrms@sina.com
开 本 720mm×1010mm 1/16
印 张 16
字 数 134千
版 次 2024年2月第1版第1次印刷
印 刷 云南出版印刷集团有限责任公司国方分公司
书 号 ISBN 978-7-222-20576-5
定 价 69.00元

云南人民出版社微信公众号

如需购买图书、反馈意见，请与我社联系
总编室：0871-64109126 编辑部：0871-64199971 审校部：0871-64164626 印制部：0871-64191534

与我们一起轻松喝杯茶
（总序）

亲爱的读者朋友，当如此装帧清雅、赏心悦目的茶书摆到您的面前时，我相信您一定会喜欢的。而且，在一个生活节奏越来越快、日益繁劳的时代，这样优美的茶书，它是助您去烦放松、静心喝茶的佳友。

茶源于中国，从唐代起向海外不断传播，逐渐发展成世界性三大著名饮品之一，还在各国衍生出了丰富多彩的茶文化。

古今中外，一直有许许多多的人在咏茶、论茶、研究茶。当下，随着茶产业的迅猛发展，虽然已有各种各样的茶书出版问世，但一个不容乐观的现实问题是许多人并不懂茶，茶文化距大众也有相当距离。尤其是在波涛汹涌、眼花缭乱的世界多元文化浪潮冲击下，不少人因缺乏引导而对中国古老的茶文化了解不多，认同也不够。

虽然有识之士早就呼吁将茶作为“国饮”，但仍有不少人每每被流行于西方国家的可乐、咖啡等为代表的“快餐文化”所迷惑。此外，一些不良商家为牟取暴利而炒作天价知名茶叶，甚至有个别人的相关专著与文章把茶文化搞成了仅为极少数人把玩的“玄文化”，弄得神神秘秘、高深莫测，令许多普通人对茶饮乃至茶文化难免有些望而却步。

有鉴于此，为了让更多的好茶者愉快且明白地品茶，使更多的人喜欢喝茶，促进茶文化走出书斋、走下神坛、回归大众，一些富有远见的智者、机构等都在努力并付出着。

早在2020年底，作为这套茶书的主要发起人和策划者，我们当时设想的就是让本套茶书好读、好看、长知识，成为大家买茶饮茶的向导和认知博大精深的中华茶文化之实用助手。

所谓好读，是要用万众人都觉通俗易懂的语言文字书写，让大家一读就懂，读了就爱，毫不费力。我们不愿意把这些茶书写成玩弄各种抽象概念的理论著作，故而创作时，我们力求化繁为简，直截了当，适应社会大众需求。

因此，为了增强本套丛书的可读性，我们还致力于讲好中国茶故事。

纵观我国浙江、福建、云南、安徽、四川等

众多产茶区，自古以来就都拥有历史悠久、内涵丰富的茶故事。譬如，近些年异军突起的云南普洱茶，其独有的一大优势就是茶区丰富多彩的民族文化故事。在西双版纳、普洱、临沧、德宏、保山这些云南茶叶主产区的各个山头，世代居住着一些云南特有的少数民族，其中有几个还是人口较少民族，比如基诺族、布朗族、拉祜族等。这些少数民族在各自所生活的茶山中从古代起就与茶相伴，以茶为生，久而久之形成了各具特色的茶山民族文化。他们为我国茶文化和茶产业的形成与发展做出了很有意义的贡献。

所以，努力挖掘与整理好国内这些著名茶山背后的故事，是本丛书的一大着力点和亮点。

至于好看，我认为，就是书的装帧设计一定要美观，书内应多放图片。相较于其他书，在我心目中茶书应当而且更要好看。如今是读图时代，一图胜千言，书必须图文并茂，如此才更能吸引人且有助于理解。所以，我们在每本书中都插入了大量的照片，这既增加了真实性、现场感，也是为了让大家在阅读尽量减轻看文字的视觉疲劳，读来轻松不累，如喝一杯茶汤明亮、回甘可口的普洱好茶。

同时，注意避免书的厚重，努力减轻读者阅读时的心理负担。要让读者不论是在上班路上，还是乘飞机、高铁途中都能携带方便。

与此同时，本丛书还希望帮助读者诸君、各位茶友在阅读后，能增长有关茶叶发展、茶山历史、民族文化以及风味品饮等方面的知识，助力大家懂得喝茶、好好饮茶。

有鉴于此，为实现上面的目标，我们要求丛书作者必须是对各地茶叶及茶山历史文化等方面有深入研究的专家学者，也就是说，对作者的要求较高。因为，只有高水平的作者才能为读者奉献出高品质的茶书作品。

当前，中国茶文化与茶产业发展均已迎来了最好的历史机遇。同时，我们又处在百年未有之大变局的时代，世界并不太平，国家间冲突不断，战争时有发生，人类生存环境恶化加剧，中华传统茶文化中的“茶和天下”之精神亟须得到进一步弘扬。

这里，我想起了美国著名汉学家梅维恒教授几句意味深长的话：“尽管茶有益健康，有一定的医疗效果，但从根本上讲，它不是草药，而是一天里的生活节奏，是必要的片刻小憩，是一种哲学。随着世界的喧嚣渐渐退去，地球越来越小，茶成了我们对宁静和交流的追寻。以这样的心情喝茶，健康、知足、宁静恒一的生活会一直伴随着你。”

我们衷心希望广大读者、茶友通过这套丛书，体验一次美妙的中国茶山之旅，从而更好地认识我国历久弥香、生机勃勃的茶文化，也期盼世界各地能有更多的人爱上茶、经常喝茶，让品茗提升做人的修养，增进身体健康，改善我们的生活！

任维东

2021年12月18日

序言

郑晓云

不久前听说任维东先生“秘密”写就了一部关于基诺山茶主题的书，既感到有些意外，又感到十分高兴。意外的是他刚完成了一部关于洱海的书，应该还没有缓过神来；高兴的是基诺族文化又将增添一笔重彩。因此他请我写个小序，我欣然允诺。

基诺山区是我魂牵梦绕的地方。从1982年年底走进基诺山、研究基诺族到现在已经接近40年。那里是我学术的起始，也留下了很多美好的记忆。茶叶就是其中印象深刻的一种美好记忆和几十年生活中最重要的一个伴侣。基诺山古名攸乐山，是云南普洱茶的六大茶山之一。我走进基诺山的第一天就爱上了那里的茶。1982年底大学实习第一次来到基诺山，记得到达的那一天天色已晚，一天的旅途奔波，大家都已经筋疲力尽。这时基诺乡的干部拿来了一大包茶叶，一边给大家泡茶，一边说大家喝了我们这里的青毛茶就不累了。泡在茶杯里面的茶叶条形颀长，香气四溢，茶水的滋味十分甘美，果然一身的疲乏很快就被驱赶开了。当时的印象一生都难忘。也就是从那个时候起，我爱上了基诺山的茶叶，一喝就是几十年。它不仅陪伴着我在山区长年的田野调查生活，也陪伴着我在书桌旁边的无数个日日夜夜，时至现在打字的这一刻。喝着来自亚诺村的古树茶，感觉到没有一天离开那云雾缭绕的山寨。借着写这篇小文的思绪，猛然感悟到这些年还能够写出一些自我感觉良好的文章，是不是和基诺山的茶香熏陶有关系？

茶叶对于基诺族人民来说，也是一种充满恩情的物质，有特殊的意义。我们很难说清楚基诺山区从什么时候开始种植茶叶，但肯定的是从茶树的种植开始，它就给基诺人带来了恩惠。幸运的是，在20世纪80年代，当时的很多跨越20世纪上半叶的老人都还健在，我在调查中听到了他们讲的很多茶叶故事。最重要的一点，在过去靠山解决吃饭穿衣是没有问题的，但是要获得一些日用品，尤其是药品，就要靠茶叶。20世纪50年代以前，每年还不到新茶上市，就有很多内地的商人来到这里等候收购茶叶。而他们和基诺人的茶叶交易往往是以物易物。他们带来了衣服、剪刀、缝衣针、镜子、糖等生活用品，也带来了盘尼西林等药品。尽管当时一二斤茶叶才能换一粒盘尼西林，一斤茶叶换一根缝衣针，但这一切对基诺人来说是非常重要的。据说一些基诺人的命都是用茶叶换来的，是茶叶换来的药品救了他们的命。他们也用茶叶换来了新衣服，逢年过节的时候高高兴兴穿上，很体面。

中华人民共和国成立以后基诺山区的发展历程中，茶叶也扮演着重要的角色，甚至是更为重要的角色。这一点在任维东先生的这本书里面已经有反映。在20世纪80年代以前的茶叶统购统销时代，基诺族老百姓的日常生活用品同样要靠交售茶叶得来的现金购买。孩子上学、家人生病住院，更要靠茶叶换来的现金。在20世纪80年代基诺山区调整产业结构以后，虽然也种植了橡胶、砂仁等其他经济作物，但是时至今日，茶仍然是持久不褪色的常青树。尤其是在20世纪90年代退耕还林以后，基诺山区不再种植粮食作物，茶叶的地位更加显现。很多村庄都依靠茶叶种植摆脱了贫困，甚至富裕起来。有的村子目前最主要的产业就是茶。例如在亚诺寨，由于茶叶的种植，21世纪初老百姓就大获其益，家家户户盖起了砖瓦楼房，目前很多家庭都拥有一两部汽车。基诺山茶产业成了边疆民族地区依靠绿色产业脱贫致富的典型案例。在未来，茶叶仍然是基诺山区人们重要的生计来源。与此同时，基诺人也是茶和茶文化的传承者，是他们精心爱护茶树和相关的文化，使基诺山区的茶香飘溢四方，让我们有机会能够享受这一大自然的恩赐。因此茶叶给基诺人带来了恩惠，而我们好茶者更要感激为我们精心呵护着茶树的基诺族人民，感激他们献上的茶香。

从这些角度来说，任维东先生的这本书确实是非常有价值的。一方面是这个主题的价值。如我们上面所说到的，茶叶和基诺族社会生活有如此密切的关系，今天更和热爱它的远近好茶人有密切的联系，甚至为中国的扶贫事业提供了一个鲜活的案例。这样的主题能说不重要吗？但遗憾的是，长期以来尽管茶叶在基诺族社会中的价值如此之高，却还少有专门的书来阐述它。在这一点上，这本书确实是补上了一个空白。

另外一个方面，任维东先生的这本书有鲜明的特点。一是它不是就茶论茶，而是把茶放在了一个大的宏观历史背景下来看。在书中任维东先生涉及了基诺族的很多历史背景及传说故事，也谈到了近年来基诺族的社会变迁和脱贫发展历程，力图反映茶叶和整个基诺族社会发展过程的关系。这样的大视野我认为是非常重要的。因为不挖掘茶叶和基诺族社会历史变迁的关系，确实不足以认识茶叶在基诺山区人类生存过程中的价值，这样我们对基诺族茶文化的认识可能就是肤浅的，我们就很难理解基诺族人民对茶刻骨铭心的关爱之情，难以真正理解什么叫茶文化。与此同时，在书中我们也可以看出，作者在力图通过基诺山区茶产业发展这一个个案来探索边疆山区少数民族脱贫的路径，这更是一种大的时代价值体现。

二是笔者用很通俗的叙述方法来写这本书，这样就使这本书让人感到简明易懂，有较强的可读性。书中不仅有历史的叙述，相关茶叶的知识，也有大量的现场描述和对农民的访谈、与专家的对话。这一切通过作者精彩的文笔展示出来，显得十分生动鲜活。确实，我们应该让更多人了解基诺族茶叶的历史和茶文化。我们需要这样既有深度又通俗的书。目前对于基诺族茶文化的传播，学术性的书比较多，通俗易懂的还是太少。因此我期待这本书有助于人们理解基诺族人民对茶树的呵护、对每一片茶叶的情怀、对我们“品质”生活的奉献。我相信这本书将成为架起基诺族茶文化和外界的一座桥梁。

最后我不能不谈到作者对于基诺山区的情怀。我素来认为一个人要做一件什么样的事，情怀是重要的基础。任维东先生写这本书的动机，我相信也是基于一种情怀。在20世纪90年代，任维东先生就作为一个记者深入到基诺山区进行过采访，现在还保存着当时生动的照片。2019年，我们一起前往基诺山参加基诺族确认四十周年理论研讨会，他结合多年来的采访做了生动的回顾性发言。会后，我们走进了一些村寨，尤其是我的长期田野点亚诺村，此行他结识了一些村民。2020年他再次进入基诺山采访。这一切使他多年的情怀得到了充分的释放。他用手中的笔、镜头和人脉资源积极宣传基诺族的茶文化，发表了不少关于基诺山区茶的长短文章和图片。他认识了亚诺寨的青年茶叶传承人切薇，为她出谋划策，为她积极宣传，牵线搭桥，待之如自己的亲人。尤其是在2020年初，由于干旱的影响，茶叶欠产，他更是多次在个人的公众账号上推出基诺山寨茶叶的信息，目的就是为了帮助当地的茶农。他的这份情怀，是真诚的。

总之，我相信这本书除了让作者的情怀得到释放外，更为外界了解基诺山茶文化提供了一个好的读本。我期待着这本飘着茶香的新书面市。

2021年元旦于武汉沙湖畔

引子：飞向基诺山

一架银鹰再一次把我平安带到了西双版纳的上空。

从飞机舷窗往外看去，一朵朵棉花似的白云从机窗旁掠过，机翼闪着银光。机翼下，一条蜿蜒曲折的大江——澜沧江伸向远方，四周为葱绿的群山所环抱。

20世纪90年代曾经在澜沧江－湄公河上乘船航行到泰国的我知道，就在这条从我国的西双版纳出境，流经缅甸、老挝、泰国、柬埔寨、越南，被誉为“东方多瑙河”的大江之畔，起伏的群山之中，如海洋般广袤的森林之内，分布着一个个著名的普洱茶山。其中，就有我即将造访的攸乐茶山（现名基诺山）。

那是2020年10月13日，一个秋阳高照的日子。

俯瞰澜沧江

11时50分，飞机马上就要降落在景洪机场。

机上广播说，地面温度高达28℃，而我当日一大早从昆明出发时，昆明的温度只有13℃，温差骤然间达到了15℃。我从一个高海拔的冷凉之地来到了一片真正的热土。这就是与众不同的西双版纳。

这次已经是我第四次造访基诺山了。

当我走出机场，一股热浪扑面而来，让我瞬间有了夏天的感觉。我跳上出租车，向预订好的一家告庄小镇的酒店驶去。稍事休整，我即将再次开启我的基诺山寻茶之旅。

或许是晚上喝茶的缘故，也或许是景洪的天气比较热，我竟一下子不能适应。当晚辗转反侧，基本是迷迷糊糊地度过了一夜。

那天晚上，我有些激动，雨林古茶坊庄园的张敏总监带我去到告庄的一家雨林古茶坊旗舰店喝茶。

在这个专卖雨林古树茶的旗舰店，我见到了一位来自著名茶乡勐海县勐宋乡三迈村委会南本老寨、“90后”的拉祜族姑娘。我们一边喝着茶，一边闲聊起来。

她是这个店的主人，叫高羽，在昆明读过初中，在武汉念过大学，学的是会计专业。后来又到广州——雨林公司设在那里的营销中心，在那儿卖过茶叶。再后来，她就回到了版纳，回到了自己的家乡。

在因茶致富的茶农父亲帮助下，高羽来到告庄，临街开起了这家面积达1800平方米的茶叶经销店，专门经销雨林古茶坊各个品种的茶叶。

这个茶叶店是2020年1月份才开张的，不巧的是赶上了新冠肺炎疫情。

“还好。”高羽说，“这个店是自己家的，不存在交房租的问题，所以现在压力还不是那么大。”她对未来也充满了信心。闲谈中她告诉我，茶叶给他们拉祜族、给她的家乡带来的变化实在是太大了。比如说，以前她的家乡根本就不通公路，如今不仅路通了，而且寨子里边很多人都盖了新房，买了小汽车。

同样，与拉祜族共居西双版纳的基诺族，世世代代与茶叶相依，以茶为食。这片片看似平常的树叶，也在他们的山寨、他们的家中引发了种种神奇的变化，甚至改变了许多基诺族人的命运。

在很多年以前，我错误地以为饮茶只是一种个人爱好，它的有无，对大多数人特别是于人们的日常生活并无多大的影响，因为茶不是我生活中的必需品。我们每天必须要吃饭，而不需要每天都喝茶。

但是，当我多次深入到云南的西双版纳、普洱、临沧、德宏、大理、保山等地少数民族聚居的茶山，了解到茶叶在基诺族、布朗族、拉祜族、傣族、佤族、白族等少数民族生活中的重要地位后，我才意识到，我真的错了，事实并不是我“想当然”的那样。

中国有句老话：开门七件事，柴米油盐酱醋

茶。从中，可以看出茶在人们日常生活中的重要地位。实际上，早在远古时期，自从中国人的先祖神农氏尝百草时发现了茶，茶就开始越来越深刻地影响着中国人的生活。直至今天，茶还在不断地影响着我们。一个最有力的证据是，时至今日，茶叶已经越来越明显地改变了云南边远山区的少数民族生活。

云南省著名茶乡——西双版纳傣族自治州勐海县曾经是个集边境、山区、民族、贫困为一体的县。全县34.56万人口中，涉茶人口高达28万人，占了其总人口的81%，如今靠茶叶摆脱了贫困。

回溯历史，可以清楚地发现，自从地球上有人类诞生以来，人和大自然的关系就非常紧密地联系在一起。

人类为了求得生存、发展，总是在想方设法适应自然，利用自然，特别是利用大自然中的动植物。在利用植物方面，地球人，特别是中国人，很早就学会了食用茶树上的叶子，学会了用茶叶来治病，同时也学会了利用茶叶来进行商品的交换和买卖。

这一点在云南多个少数民族的创世纪史诗中都有所表现。布朗族、基诺族都有许多茶祖是如何帮助他们的古老传说。如在基诺族山寨，相传基诺族的创世女神阿嫫尧白就是在攸乐山上撒了

林海茫茫攸乐山

一把茶籽，才有了今天云南省西双版纳基诺山大片的茶园。

放眼世界，源自中国的茶叶，对世界其他国家的民族发展也起了巨大的作用。比如说英国当年就是引入了中国的茶叶，才帮助英国人消除了因酗酒而身体疾病频发等毛病，挽救了英格兰民族。还记得吗？美国独立战争打响的导火索是波士顿的“倾茶事件”。

已经喝茶上瘾、视茶为“救命稻草”的西方列强，当年为了从中国获取茶叶，不惜派出冒险家、探险家一批批地前来中国偷盗茶树籽，以致后来因为巨大的茶叶贸易逆差而发动了举世闻名的鸦片战争，将中国推入苦难的半殖民地半封建社会深渊，使得大多数中国人长期过着艰苦不堪的生活。

当饮茶在西方国家逐渐流行后，茶便慢慢成了英国、法国、美国、德国、西班牙等国许多国民的一种不可或缺的日常生活需求。或许正因为如此，英国著名人类学家、历史学家艾伦·麦克法兰在他的《绿色黄金：茶叶帝国》一书中这样写道：“喝茶是一种瘾，但是这种瘾不同于其他任何一种瘾。”

在他眼里，这个令世人成瘾的茶叶早已成功地征服了世界。在这本书中，麦克法兰先生列举了这样一些数字：目前“每天，全世界要喝掉数亿杯茶水。例如，在英国，人们每天要喝掉1.65亿杯茶。平均每人要喝至少3杯茶。这意味着，英国人大约40%的液体摄入是通过饮茶来实现的。全球茶水消费量可以轻松超过其他所有饮品的总和，即咖啡、巧克力、可可、甜味碳酸饮料和所有含酒精的饮料。”

我不知道麦克法兰先生的这组统计数字是如何得出的。但是，只要想到这个英国剑桥大学国王学院终身院士，作为英国著名社会人类学家、历史学家、教育家，他在历史学与社会人类学研究方面著作丰富，比如其最负盛名的《玻璃的世界》《都铎和斯图亚特王朝英国的巫术》《英国个人主义的起源》《资本主义文化》和《绿色黄金：茶叶帝国》等专著，所以，我相信，他这样说一定是有根据的。

1996年就到中国访问的麦克法兰先生，多次来华考察交流。2019年11月在深圳参加当地读书月活动时，他说一直在努力搭建中西方交流的桥梁，从各方面来增强中西方之间的交流合作，比如致力于推广中国的戏剧、诗歌、绘画、茶叶。

可惜，在《绿色黄金：茶叶帝国》一书2005年出版时，麦克法兰先生似乎还没有到过云南，这从他在该书中讲述茶叶相关故事几乎未提及云南就能看出来。书中漏掉了世界茶树原产地云南，这不能不说是一个遗憾。不过，他显然后来认识到了这个问题。

所以，后来他来到云南茶山考察。我看到有篇文章介绍，麦克法兰曾到访过普洱市的景迈茶山，观看了2017年“今日翁基”展览。2018年来云南茶山考察结束后，他回到昆明，应云南大学民族学与社会学学院邀请，在云南大学的东陆校区做了一个小范围的演讲。不过，这一次，麦克法兰先生讲的主题并不是我关心的茶叶问题，而是“现代性世界的诞生”。那天，我特意赶到云南大学他演讲的现场，见到了这位小个子老先生，请他在其《绿色黄金：茶叶帝国》上留下了签名，并请朋友帮我拍下了与他的合影。

作为一个从小在山东长大的北方人，在因工作关系到云南之前，我从来没有想过会和茶叶结缘，更没有想过会因为茶叶又和云南的茶山结缘。

记得在20世纪60年代，幼小的我被在军队工作的父母送回了山东蓬莱姥姥家抚养，直到恢复高考后我考上大学离开，始终没有听家中大人说过喝茶的事，也从来不知道什么是茶。那时候，因为各种生活物资匮乏，我最渴望的是一块今天乏人问津、硬硬的水果糖。

1979年9月，我考上了四川大学，在民间饮茶之风盛行的成都，见到了一个个主要面向普通老百姓的大众化茶馆，才第一次知道了什么是茶，

攸乐山的古茶树

准确地说，首次见到了成都人爱喝的茉莉花茶。当时，我并不知道茶有那么多种类，有那样久远的历史文化。

第一次喝到茶就是在成都茶馆里边，和同学们一块儿品尝的是四川人最爱喝的花茶，那种茶非常廉价，一毛钱一壶，大概可以喝一天。

后来对茶的了解实际上是到云南工作以后。不过，直到20世纪90年代，我对茶的了解仍然不多，只偶尔喝一点绿茶。那时，云南普洱茶还不像今天这样广为人知。

一直到了2007年的时候，我才开始关注忽然流行的普洱茶。那年中国股市出现了罕见的大牛市，普洱茶也开始走俏全国茶市。从此我对普洱茶的兴趣越来越浓，于是便开始了有目的地到茶山考察调查，也开始买普洱茶，品普洱茶，研究普洱茶。

而当我20世纪90年代来到云南，来到基诺山后，第一次认识了基诺族这个中国的人口较少民族，才知道这个民族与茶叶竟然有着密不可分的渊源。

茶山“老大”的由来

“茶者，南方之嘉木也。”

1200多年前，被后人尊为“茶圣”的陆羽在《茶经》中，虽然开宗明义地点明了茶叶生长在南方，并且在“八之出”部分，专门点评了湖北、浙江、安徽、四川、福建、广东等地区所产茶之优劣。甚至，他还专门提到了贵州的茶。

然而，十分可惜的是，生活在盛唐早期的陆羽，由于历史和时代的局限，没有到过与中原内地远隔千山万水的云南，所以他根本不了解在“黔”附近的云之南那里还分布着一个个大小不一的茶山。

翻开我国众多的历史文献，会发现云南常常被描绘成地处边远的“蛮荒”之地。可是，现代考古发现却证明：目前已知的中国最早人类竟然就是云南的元谋猿人。

而云南，今天还被认证为世界茶树的主要发源地。

我们注意到，我国历朝历代中央王朝因为对

偏居西南一隅的云南了解甚少，所以历代文献典籍中关于云南茶山的记录更是少之又少。因此，云南的茶叶在很长一个历史时期里不为世人所熟知。这种情况，一直延续到清朝才发生了改变。

清朝，皇帝的长子通常被称为“大阿哥”。正是在清朝，云南普洱茶得到了皇室的认可与追捧，攸乐山还被尊为普洱茶六大茶山的“大阿哥”。

率先提出“普洱茶六大茶山”并将攸乐山排列首位的，是乾隆年间的安徽籍进士檀萃。被流放至滇地的他，游走多地后，在其“百科全书”式的《滇海虞衡志》中这样明确记载：“普茶名重于天下，此滇之所以为产而资利赖者也，出普洱所属六茶山：一曰攸乐，二曰革登，三曰倚邦，四曰莽枝，五曰蛮耑，六曰慢撒，周八百里。”

今天，要寻觅攸乐山与基诺族的历史源头，我们只能从以往的神话传说中去查找蛛丝马迹。在基诺族的眼里，茶山和他们的祖先都源于一个被称为“阿嫫尧白”的女神。

同云南省的其他一些少数民族一样，关于茶与基诺人的诞生也拥有一个奇异动人的神话传说。

阿嫫尧白女神

2019年6月2日上午，我第二次来到位于云南省西双版纳傣族自治州景洪市基诺山乡的巴坡寨。这里距景洪26公里、勐养10公里、基诺乡政府3公里。它是西双版纳州基诺族传统文化保护区，系全国唯一一个最全面最能集中地展示并以基诺文化为主题的旅游景区，是了解基诺文化一个重要的窗口。

与20世纪90年代我第一次到巴坡寨不同的是，经过这些年的发展，巴坡寨已经发展成了一个以基诺族民族风情为主的乡村旅游景区。

当我走进景区大门，沿着通往山寨的石阶路往上攀登时，忽然抬头望见了一个巨大的女神雕像出现在上方的山坡上。这便是基诺族人最崇拜的阿嫫尧白女神。有一群基诺族男女在此伴着音乐起舞，向女神表示敬意。

如今，虽然关于基诺族起源的说法不一，但

巴坡寨的阿嫫尧白女神像

基诺人中多数都比较认同“是阿嫫尧白创造了基诺人”这样一个说法。

其实，世界上，关于人类的起源有许多神话。在古希腊神话中，普罗米修斯创造了人；在古埃及神话中，人由神呼唤而生。而对许多中国人来说，有一个耳熟能详的《盘古开天辟地》的神话，它的相关文字记载最早见于三国时期吴国人徐整的《三五历纪》中。这个故事讲的是：谁也说不清到底有多久以前的古代，天地一片混沌，有一个顶天立地的大英雄盘古，他开天辟地以后，天上有了太阳、月亮和星星，地上有了山川草木，甚至有了鸟兽虫鱼。不过，遗憾的是那时还没有人类的诞生。

在《女娲补天》的神话中，神通广大的女神“女娲”，用泥巴和水捏出了许多能说会走的可

爱的小人。为了让人类长久地生活在大地上，经过一番冥思苦想，女娲终于想出了一个办法，就是把那些小人分成男女，让男人和女人交配结合起来，使他们自己能生养后代。这样，人类就能世代繁衍，一直延续下去，并且一天比一天增多。

观察基诺人口口相传的创世纪神话《阿嫫尧白》，不难发现，其与国内外的其他创世纪神话有异曲同工之妙。

传说远古洪荒，混沌一片。苍茫之中，忽然就诞生了一个法力无边的女神——阿嫫尧白。她

远方便是传说中的孔明山

对眼前的黑暗与混沌深感不满，便举起右手分开天地，左手抓起泥土造成山河，搓下身体上的污垢塑成万物，同时塑造了玛黑、玛妞兄妹。这兄妹俩便是基诺族的先祖。

一天，法力无边的阿嫫尧白用九根巨绳把天高高吊起，再用九根巨柱支撑在天地间，天地因此被固定下来。但是，阿嫫尧白苦恼地发现，那些由她自己创造的动物、植物整天争吵不休，相互残害，世间混乱不堪，呈现无序状态。于是，不胜其烦的阿嫫尧白想出一个办法，又造出七个太阳，用炽热无比的烈日晒死一部分植物，再造出汹涌澎湃的洪水以淹死一些动物。不过，在众生中唯独偏爱人类的阿嫫尧白，为了保护玛黑、玛妞免遭烈日与洪水的伤害，特意造了一面大鼓，把这兄妹二人藏到里面，还在大鼓中放了一些糯米饭，留下一对铜铃、一把小刀等。这就是后来基诺人为何世代供奉大鼓的原因。

基诺族另一个创世纪神话《玛黑玛妞》则记载：

滔天洪水也不知淹了多少日子，玛黑、玛妞兄妹俩在藏身的大鼓里把东西都吃光了，洪水才终于退去了，大鼓落地时把铜铃碰响了，玛黑、玛妞就用刀子划开鼓皮走出大鼓，把这里叫作“司杰卓米”（传说中基诺族最先居住的地方）。

望着空空荡荡的世界，为了繁衍后代，玛黑想和玛妞结婚，玛妞一开始并不同意。没奈何，玛黑便假扮对面山洞里的神仙吴普鲁骗玛妞说：“人类不能没有后代，你们可以结婚。”兄妹俩结婚后，每天都听到屋旁种的葫芦瓜里有人说话，他俩使用烧红的火钳一烙，葫芦炸开了，从葫芦里走出来基诺族、汉族、傣族、布朗族四个兄弟。

还有一个传说：

玛黑与玛妞遇到了一位“阿匹”（老奶奶），其实阿匹就是造物主阿嫫尧白。她给了兄妹俩九颗葫芦籽，并让他们分三窝种下，最后只长出了两棵。其中只有一棵开花结果，兄妹俩靠吃葫芦瓜为生。后来，他们发现了一个奇大无比的葫芦。这个葫芦成熟坠落后，摔裂为三块。第一块滚下山，长出了花草树木；第二块滚下山，变成了各种水生、陆生动物；第三块里面飞出了各种鸟禽，鸡鸭也跟着出来。玛黑、玛妞长大后，为繁衍后代，他们成了亲并生育了六个儿女，儿女长大后又相互婚配，形成了基诺族乌优（老大）、阿哈（老二）、阿西（老三）三个胞族。基诺族的后代就这样繁衍下来了。

在这个传说里，为了帮助基诺人生存，还有一种说法是女神给他们在基诺山上撒下了一把茶树种子，如此才有了后来的基诺山大片大片的茶园。

被基诺族敬奉的创世女神阿嫫尧白，在基诺族话语中，“阿嫫”意为母亲，“尧”意为大地，“白”意为创造。

如今在基诺山，大鼓一直受到基诺人的崇拜。基诺族人民世世代代跳“大鼓舞”，以纪念阿嫫尧白，创造了独具特色的基诺大鼓文化。

我在巴坡寨，曾目睹了寨子里的基诺族青年男女为我们这些远道而来的外地人展演了一回大鼓舞，但见一群身着鲜艳基诺族服饰的青年男女，围绕在一个比成人还高、硕大的巨鼓前，一边“咚咚”地擂击着大鼓，一边随着铿锵激昂的鼓点手舞足蹈。

当然，现在为游客表演的这个大鼓舞，已经不是那样原汁原味了，显然添加了一些舞台艺术的元素。

大鼓舞，基诺语称为“厄扯歌”，是基诺族民间舞蹈中历史悠久、在群众中有着深远影响的舞蹈。每当大鼓敲响，便会激发基诺人对祖先的怀念与崇敬之情。于希谦先生在其《基诺族文化史》中解释说：“基诺族的大鼓‘司土’：大鼓，基诺族语称‘司土’。‘司’即‘阿司’，

基诺族大鼓舞

泛指较大的神灵；‘土’有吊挂之意，‘司土’可译作吊挂着的寨神大鼓。‘司土’是基诺族最古老的礼器、祭器、神器，又是最古老的乐器。”

早期，大鼓舞只是一个独舞，带有某种神秘

色彩。现在跳的“厄扯歌”是在“司土歌”的基础上发展起来的。中华人民共和国成立前，在跳大鼓舞时必须依照一定的程序与规则。妇女只能在鼓的背面敲击伴奏，不能在鼓的正面敲击、舞蹈。

中华人民共和国成立后，基诺族从原始社会末期直接过渡到了社会主义社会，大鼓舞随之摆脱了宗教的束缚，经过加工后的大鼓舞被搬上了舞台。近年来，在基诺山，不只是男人，女人也可以在鼓前担任鼓手了。

据介绍，大鼓舞动作虽不复杂，但是每个动作都有名字，如：“乌攸壳”意为表示尊敬。其动作为左脚向左后方撤出，双手从右侧击鼓，然后再换方向做。动作为双手轮流击鼓，青年人跳时，手高抬时不过头，老人跳时手臂高抬过头，低垂不过胯。

起舞时，人们围成圆圈，一至二位鼓手站在中间，手握鼓槌，先向大家敬礼，再对鼓敬礼，然后就跳起“乌攸壳”，领唱一段，接着大家齐唱一段。当众人齐唱时，鼓手就相应跳起“厄扯歌”。如此反复若干次，大家边唱边跳，在不断加快的速度中人们不时发出“扯——扯——！”的呼喊声，此时歌声、鼓声及镲的伴奏声，融汇形成一片欢腾热烈的气氛，舞蹈动作更加矫健有力。

大鼓舞因其历史久远、流传广泛，成为基诺族最有代表性的舞蹈。舞蹈充分体现出了山地民族粗犷健壮的气质。

大鼓舞在过去是过年时跳，现在每逢喜庆节日都会跳。在过年的盛会上，口嚼槟榔的老阿爹昂头打钹，头戴三角形尖顶帽的老阿妈低头鸣锣，大鼓先由村寨长老敲响，然后由年轻的姑娘们敲击。她们手持木槌立于鼓前，双手上下飞舞，兴致高时，手执双槌，挥动四次敲两次。其他的男女老少则围成一个圆圈，徒手起舞，和着钹、锣和大鼓的节奏，青年们旋转腰身，脚跟起伏，时而左脚稍前，时而左脚在后，欢乐的歌舞一直持续，通宵达旦。近年来，当地文化部门对大鼓舞制定了详细的保护方案，通过开设传承点、组织农民演员排练表演等，使之得到有效的保护和传承。

2006年，基诺族大鼓舞被列入第一批国家级非物质文化遗产名录。

“司杰卓米”在版纳

人们都说“一方水土养一方人”。

这其实是在说，自然环境对人的生存、生活与发展起着很重要的作用。就比如，一个出生在西藏那种高海拔缺氧状态下的人，比一个生长在低海拔平原地带的人更能适应西藏独特的自然环境，而通常不易出现所谓的“高原反应”。

按照基诺人的世代传说，基诺族最早的发祥地是“司杰卓米”。有一种说法，这“司杰卓米”就是基诺山乡政府所在地的东北山区，那里有座山被当地人称之为“孔明山”。

其实，不论阿嫫尧白创世神话是如何传说的，现实中基诺人真实的聚居生活地就是在中国云南省南部的西双版纳傣族自治州。

西双版纳处于北回归线以南的热带北部边沿。辖区面积有19124.5平方公里，东北、西北与普洱市接壤，东南与老挝相连，西南与缅甸接

傣族村寨

壤。版纳州内最高点是勐海县勐宋乡的滑竹梁子，海拔2429米，最低点是澜沧江与南腊河的汇合处，海拔仅477米。

在古代中国，被称作“勐泐”的西双版纳，历史也很悠久。

三国、两晋时期，今西双版纳一带属永昌郡管辖。

相关历史文献告诉我们，永昌郡始于1世纪。东汉明帝将原益州郡中西部的云南（今祥云）、叶榆（今大理）、邪龙（今巍山）、比苏（今云龙）、嶲唐（今保山）、不韦（今施甸）等6县划出，与哀牢、博南两地合并，设立了一个新的郡——永昌郡。永昌郡的郡治在不韦县，全郡辖地极广，据《华阳国志·南中志》，“其地东西三千里，南北四千六百里”，实际上包括了今大理、保山、德宏、临沧、普洱和西双版纳的大部分或一部分。《后汉书》记载，永昌郡有23万多户，189万余人，在东汉众多郡国中居第二位。

澜沧江之夜

南北朝时期，今西双版纳一带的12个部落“泐西双邦”，奉中原王朝为“天王”，受到封赏。在公元8—10世纪，勐泐政权隶属唐代云南地方政权南诏国银生节度管辖。

1160年，傣族首领帕雅真统一勐泐，属南宋时期云南地方政权大理国管辖。帕雅真接受封建王朝的封号，其后，帕雅真之四子桑凯冷继父位时，受封赐为“勐泐王”。

1253年，亲率蒙古大军南下的忽必烈，一举灭掉了长期割据一方的大理国。之后，元朝在云南正式设立行省，将云南划分为37路、5府，勐泐一带被称为“车里路”。此后勐泐一带开始实行土司制度。1296年，在车里设“车里路军民总管府”，管辖勐泐一带地方。1327年，改设“车里军民宣慰使司”，授召坎勐为宣慰使。1570年，宣慰使召应勐为了分配各地的贡赋，把所管辖地区划分为12个“版纳”，即“西双版纳”，这即是西双版纳名称的来由。

中华人民共和国成立后，在许多的歌曲、画卷及其他文艺作品中，西双版纳始终被描绘成一个美丽而神奇的所在，对一个多次来到这里的我而言，感觉确实如此。

当20世纪90年代初，我这个从小在山东长大的北方人，第一次踏上西双版纳这片名副其实的热土时，那种观感上的震惊十分强烈。

往昔在泰国、缅甸、老挝才能见到的，有着尖尖塔顶的南传上座部佛教寺院，在西双版纳随处可见；身着艳丽筒裙、婀娜多姿的傣族少女，为褐色竹楼增添了一道道靓丽色彩；进入原始森林就能见到“见血封喉”的箭毒木、“植物界的舞蹈家”跳舞草、“植物的绞杀者”榕树、高达六七十米的望天树等各种热带雨林珍贵植物。这里因为地处热带雨林，充沛的雨水加上暖湿的气候，所以会产生“插根筷子都能活”的现象。

更让人称奇的是，内地只在动物园里才能见到的孔雀、大象，在西双版纳的野象谷、密林与村寨都时常可见。

我在西双版纳的旅行中，曾经在野象谷、亚

洲象救助中心等处多次目睹过大象，还在景洪市山间的一处救助中心，由中心的工作人员陪同，亲手喂食过小象“然然”香蕉，近距离地观察过数头大象。

曾几何时，神奇的版纳也吸引了外国元首和友人的到来。英国的伊丽莎白二世、威廉王子都曾到访过云南西双版纳，专门去亚洲象救助中心考察。1986年，英国女王伊丽莎白二世和丈夫菲利普亲王访问中国时，菲利普亲王当时作为世界爱护野生动物基金会主席来到云南西双版纳，亲自考证了望天树仅存于中国的西双版纳，证实了西双版纳为世界上拥有热带雨林的三大地区之一。他们还在西双版纳热带植物园种下了一棵象征中英友谊万古长青的望天树。

2015年3月4日，美丽的西双版纳迎来了英国剑桥公爵威廉王子。这是英国王室成员30年后再次访问西双版纳。威廉王子首站便选在野象谷，他专程探望了几年前被成功救治的小象然然，与大象亲密接触。

在植物学家、生态学家们的眼里，西双版纳是我国热带生态系统保存最完整的地区，素有“植物王国”“动物王国”“生物基因库”“植物王国桂冠上的一颗绿宝石”等美称。这是由其独特的地理区位而造成的。

西双版纳地处热带北部边缘，北有哀牢山、

西双版纳森林中的野象

西双版纳原始热带雨林

无量山为屏障，阻挡了南下的寒流，南面东西两侧靠近印度洋和孟加拉湾，夏季受印度洋的西南季风和太平洋东南气流的影响，造成了高温多雨、干湿季分明而四季不明显的气候特点，因而西双版纳气候终年温暖湿润，无四季之分，只有干湿季之别，干季从当年11月到次年4月，湿季从5月至10月。这些是茶叶生长宝贵的天然条件。

与老挝、缅甸接壤，毗邻泰国，西双版纳拥有版纳机场、景洪港、磨憨、打洛四个国家级口岸，目前已建立了连接国内和周边国家的陆、水、空立体交通网络。一江连六国（中、缅、老、泰、柬、越）的澜沧江-湄公河从西双版纳出境，是一条被誉为“东方多瑙河”的黄金水道，可常年通航300吨的客货轮。西双版纳如今是国家级重点风景名胜区、国家级生态示范区、联合国生物圈保护区网络成员和联合国世界旅游组织旅游可持续发展观测点。

更神奇的是，这里从古至今，生活着一些云南特有的少数民族，如傣族、布朗族、哈尼族、拉祜族等。

基诺族就是其中的一个。

值得注意的是，基诺族研究方面的权威专家杜玉亭先生，在20世纪80年代写作《基诺族简史》一书时，通过研究清代道光年间编撰的《云南通志》，发现了一条有关宁洱县“三撮毛”的记载，并据此与现实中的基诺人联系对比考证，认为书中所言正是指现在的基诺族。杜先生还接着引用了《伯麟图说》中几句话做补充论证。

清道光《云南通志》卷一七八称："三撮毛，即罗黑派，其俗与摆夷、僰人不甚相远，思茅有之。男穿麻布短衣裤，女穿麻布短衣筒裙。男以红黑藤篾缠腰及手足。发留左、中、右三撮，以武侯曾至其地，中为武侯留，左为阿爹留，右为阿嫫留；又有谓左为爹嫫留，右为本命留者。以捕猎野物为食。男勤耕作，妇女任力。"

这种说法还有一个例证，便是清代《伯麟图说》。在清代众多民族图册中，"滇夷图"独具一格，自成体例，其中声誉最高、影响最大的一种是《伯麟图说》。伯麟（1747—1824）在担任云贵总督期间，曾遵皇上旨意绘制了滇省"夷人"图册。

然而，长期以来，《伯麟图说》的真面目不为世人所知，一度被视为"佚书"。因此，著名的云南历史学家方国瑜先生在其1984年1月出版的《云南史料目录概说》中谈及此书时，这样说道："所知者如嘉庆年间，云贵总督伯麟作《种人图》，不知何人代笔，道光《云南通志·种人》，多引伯麟《图说》。"

《伯麟图说》又被称作《滇省夷人图说》《滇省舆地图说》，原作为云贵总督伯麟于嘉庆

巴坡寨的阿仙（摄于1997年）

刻木记事
基诺族没有文字，为了将生产生活中
大事件或是需要备忘的事件记录下来，
们往往会用一些特殊而又简单的符号来
达信息，我们把这一行为过程称为刻木
事。如：在竹木上刻“×”、“一”、
“二”等记号作为数量符号，从中间破
开，借贷人各持一半作为凭证；又如在某
一棵树上砍三刀表示这棵树有人认下；用
不同的树叶或花草组合成不同的符号信
息，表示有情人相约会的地点和时间；火
炭鸡毛捆在一起是表达事件紧急的信号等
等。
刻木
原始“刻木记事”展示

二十三年（1818）绘制的上奏当朝皇帝的图说奏章，该本原件现藏于中国社会科学院民族学与人类学研究所，为该所镇所之宝。

巧的是，2020年一次茶叙时，我在首创举办中外茶书展的茶文化专家周重林处见到了他收藏的《伯麟图说》一书，看到其中有一幅关于“三撮毛”的手工绘画。画作中有一男一女，女子头戴的尖顶帽与今日基诺族妇女所戴的白色尖顶帽样式基本一致。而且，画的左中下部有这样几句文字描述：“三撮毛，种茶好猎。剃发作三，中以戴天朝，左右以怀父母。属思茅有之。”请注意：这里明明白白地写着“种茶”，点明了他们与茶叶的重要关系。

由于这些人祖祖辈辈隐居在中国西南边疆的深山老林中，外界对他们知之甚少，当时便形象地称其为“三撮毛”。后来因为那里的山唤作“攸乐山”，居民又因山而得名，被统称为“攸乐人”。

直到1979年6月，他们才被认定为一个单一的民族，成为中国56个民族大家庭中最后一个成员——基诺族。根据西双版纳傣族自治州人民政府官方网站公布的数据，2022年末，居住在西双版纳州的基诺族有2.58万人。

那么，基诺族到底是一个怎样的民族呢？

大家平常口中说的“基诺”又是什么意思呢？

中国政府网站的解释是："基诺"是本民族的自称，可释意为"舅舅的后人"或"尊重舅舅的民族"。过去汉语译为"攸乐"，故又习称其居住的基诺山为"攸乐山"。基诺族没有文字，其语言属汉藏语系藏缅语族的一种语言，接近彝语支。

根据民族学等方面的专家学者研究，基诺族的社会形态最初是母系氏族社会，实行的是血缘氏族婚姻。后来，慢慢过渡到父系氏族社会。

同中国的许多民族相比，基诺族人口较少，且大都居住在基诺山。据说基诺族是从北方迁来的，迁徙过程中还经过了云南省的昆明和峨山，最后来到基诺山。

新中国成立初期，基诺族还处于原始社会末期向阶级社会过渡的氏族村社阶段，那时村社的主要管事人是"卓巴"和"卓生"，他们是村社内的长老，享有崇高威望，当选"卓巴"和"卓生"的唯一条件就是村寨里岁数最大。村寨里的重大活动，比如最重要的祭祀仪式等通常都必须由这些长老主持，尤其是基诺人崇拜的大鼓则必须由长老们保管。

专门研究基诺族文化史的于希谦先生认为："过去，大鼓吊挂在卓巴家或卓生家里的寨神柱旁，人们把卓巴家的大鼓称为母鼓，卓生家的称公鼓。挂有大鼓的长者即被称为'神的使者'，

寨子长老茶会

备受基诺族崇拜的大鼓

攸乐古茶山标志碑

由此获得权威，成为村寨的首领”，“一年之中，每逢‘特懋克’节、‘戛巴木’（关门节与开门节）、祭家神铁罗嫫莫米者、卓巴及卓生家上新房等几种情况可以击鼓。如村中发生火灾要先抢救木鼓”。

我的老朋友、现湖北大学特聘教授郑晓云先生，1982年在云南大学就读尚未毕业之时，就开始了对基诺山的长期调查，后来撰写出版了一部人类学专著《最后的长房——基诺族父系大家庭与文化变迁》（云南人民出版社2008年版）。

他在书中有这样一段关于基诺族大鼓的考察记叙：

亚诺寨共有两个代表本村社的大鼓。大鼓长108厘米，直径45厘米，鼓身用桂花木制成，两面蒙上水牛皮。村社大长老“卓巴”的大鼓由阿老老氏族长房中担任卓巴者保管，谁担任卓巴，大鼓即被移入他所居住的长房的神房门内。另一个大鼓由村社的二长老“达斋”保管，保管方式同样是由当选为达斋者保管于他所居住的长房内。大长老的大鼓每年过年时用一次，平日里只有男性老人能动，年轻人不能动。尤其是妇女不能触摸，妇女触摸大鼓被认为是不吉利的。二长老的大鼓主要用于平日里全寨性的宗教活动。

根据郑晓云教授的调查，除了在庆祝“特懋克”节日时使用大鼓外，在进行全寨性的宗教活动——祭寨神“左米生巴”时也要用到大鼓。这寨神“左米生巴”为卓巴家专有的神，每年祭祀三次。

开祭时，由寨子里的大长老卓巴及二长老达斋主持，寨内各长房需要轮流出猪1头、鸡10只。需将二长老达斋的大鼓从家中抬出，放在村口，全寨男女老少都在大鼓旁肃立。待杀死猪、鸡后，长老卓巴一边敲击大鼓一边颂念祭词，祈求寨神保佑全寨男女老少一切平安，种谷丰收，打猎多获。祭完之后，在寨口架起一口大锅，将献祭的猪、鸡煮熟后全寨人一起吃掉。

关于基诺族，许多资料和文章有多种说法，这里，我想用官方最权威的表述来介绍：“基诺族总人口为20899人（2000年），是云南省人口较少的7个特有民族之一，1979年被国家正式确定的祖国民族大家庭成员的单一民族。基诺族主要聚居于云南省西双版纳傣族自治州（以下简称西双版纳州）景洪市基诺山基诺族民族乡及四邻的勐旺、勐养、勐罕，勐腊县的勐仑、象明也有少量基诺族散居。”[1]

---

[1] 中华人民共和国中央人民政府. 基诺族［EB/OL］.（2006-04-17）［2020-11-28］. https://www.gov.cn/test/2006-04/17/content_255841.htm。

走近基诺人

要更好地了解攸乐茶山，就必须好好认识一下茶山的主人。

站在基诺山亚诺寨山坡的古茶树下，望着林海中一棵棵粗壮且长着许多青苔的古茶树，我很好奇，不由沉思：世代在茶山与这些古老茶树相依相伴的，到底是些怎样的人呢?

狩猎乃传统

忽然，一瞥之间，看到茶树丛中一个正在采茶的基诺族老人回头与我这个外来的陌生人对视。我们素昧平生，因茶而遇，一时又无言以对。他很快便转过身，矫捷地爬上一棵古茶树采茶去了。我意识到了这是一个宝贵的瞬间，便用手机逆光拍下了他。

后来，我才从寨子里打听到，这个老爷爷已

攸乐山古茶树园

75岁还在采茶的资布鲁

经75岁了，名叫资布鲁。

当时那种历史沧桑感我至今难忘。

谁能告诉我，这些古老的茶树究竟经历了多少世代的风雨？我也不知道这位基诺族古稀长者曾经见证了多少过往云烟。

关于基诺山何时产茶，我们或可从唐、宋两代的零散记述中，寻觅其踪迹。唐代的樊绰在《云南志》卷七中记载："茶出银生城界诸山，散收无采造法。蒙舍蛮以椒、姜、桂和烹而饮之。”宋代文学家、太学博士李石在其《续博物志》卷七中附和了樊绰的说法：“茶，出银生诸山，采无时，杂椒姜烹而饮之。”

著名的云南地方史专家、云南大学教授方国瑜先生在其《闲话普洱茶》中考证说：“所谓银生城，即南诏所设‘（开南）银生节度’区域，在今景东、景谷以南之地。产茶的‘银生城界诸山’在开南节度辖界内，亦即在当时受着南诏统治的今西双版纳产茶地区。又所谓‘蒙舍蛮’，是洱海区域的居民。可见早在一千二百年以前，西双版纳的茶叶已行销洱海地区了。”景东、景谷两地现在均隶属普洱市，与西双版纳州相邻，唐时归南诏掌控。

方国瑜先生还进一步从当地民族语言上加以考证说：“从语言来研究，云南各民族人民饮用之茶，主要来自西双版纳；今西双版纳傣语称茶为La，彝族撒尼方言、武定方言也称茶为La，纳西语称为Le，拉祜语称为La，皆同傣语，可知这些民族最早饮用的茶是傣族供应的，西南各民族人民仰赖西双版纳茶叶的历史已很久了。”

不过，从目前西双版纳茶山的现状和相关研究成果看，西双版纳州的傣族主要居住于平坝地区，以稻谷生产为主，而茶树多生长在基诺族、哈尼族、拉祜族等聚居的山区。所以，在我看来，当年南诏国洱海地区所消费的普洱茶实际上应该是由基诺族、哈尼族、拉祜族等从山里茶树上采摘加工生产，先卖给傣族后，再转卖到大理洱海地区的。

在亚诺寨的调查中，我曾经试图从基诺人的口中获得明确答案，但寨子里无论是年轻人还是花甲老人，已没人能说清山寨里这些茶树为何人所种、究竟有多少年的历史。只有一点是相同的，他们都异口同声地告诉我："这是老祖宗留下来的。"

正像谁也说不清基诺人究竟是从何而来的一样。

虽然根据神话传说，基诺人的创世始祖是女神阿嫫尧白，但也有专家学者考证，基诺人的远祖可能是古代生活在大西北的氐羌人。

人们不禁要问：基诺族究竟是怎样的人？

比如，基诺人所世居的基诺山，从古至今，都是为一座座大山所包围，山中谷深林密，大象、老虎、狗熊、花豹、野猪、麂子等野兽频繁出没。这样的地理、生态环境，为基诺人以狩猎求得生存创造了天然良好的条件。因此，他们原本是一个以打猎见长的山地民族。

不过，在早已经禁猎的今天你是看不到打猎了。这只能从流传至今的基诺族民歌中充分感受到。

根据基诺族民间老艺人的讲述，有这样一个

“两兄弟争麂子”的故事。

传说很早以前，在基诺山的札角寨住着两兄弟，哥哥叫白腊先，弟弟叫白腊周。这个哥哥虽然年长却没有大哥应有的风范，仗着自己当家，常常欺负弟弟，甚至连弟弟打来的猎物也不给他吃。

有一天，白腊先带弟弟上山去打猎。山上有一棵粗得要三个人才围得过来的鸡嗉子果树。每到二月，鸡嗉子果成熟时，黄绿色的果子密密麻麻地结满了枝头，阵风吹过，那些熟透的鸡嗉子自然被刮落地上，引来麂子觅食。

这天兄弟俩来到树下，白腊先就急忙先爬到树上去下捕麂子的扣子。白腊周大感奇怪，就问道：“哥哥，你咋个爬到树上下扣子？”自作聪明的白腊先一脸不屑地说：“你懂啥，麂子爱吃鸡嗉子果，在树上下扣子保险能行。你莫非是嫉妒我先上了树？”

弟弟被老大一顿小肚鸡肠的抢白，一时不敢再说什么。于是，白腊周在树下弯下腰，仔细寻找着麂子的足印，在一个脚印最多的地方安上扣子。然后，兄弟俩一起回了家。

让白腊周大感意外的是，还没到他们约定上山的时间，第二天天刚亮，哥哥就背着他偷偷地先上山，背回了一头麂子。弟弟向白腊先提出了疑问：“真是你下的，有谁来作证？”兄弟俩争得面红耳赤，始终互相不服气。于是，哥哥就提

中国基诺族博物馆里的狩猎塑像

出去请天王、地王、河王、青蛙王等来评理。

天王、地王、河王平日里与白腊先有些交情，虽然他们并没有亲眼看到哥哥捕获麂子的事实，但因急着回家，就想把麂子判给哥哥。

孰料，富有正义感的青蛙王却不同意。因为早上白腊先来到树下，分明看见自己放置在树上的扣子啥也没捉到，而弟弟的扣子却扣住了一只麂子，就趁机偷了这麂子背回家。白腊先所做的这一切，被躲在树洞里的青蛙王看得一清二楚。

其他三位大王听了青蛙王的一番讲述，这才了解了被扣麂子的真实来龙去脉，就纷纷改口说应该把麂子判回给弟弟白腊周。乡亲们听说了此事，也都异口同声地数落白腊先欺负弟弟的不是。正义终于得到了伸张。

从这个故事中，可以清楚地了解基诺人如何上山捕捉麂子的经过。

而在从古代流传下来的基诺族民歌中，也能听到关于“打猎”的描述。

比如，基诺人这样唱道：

上山打猎不白跑，三年的干巴吃不了。

再比如：

要是经常上山打猎，

天天都听得见敲竹筒声，
你在山上设的压木和跳圈，
将会压到许多麂子和马鹿；
你在树上装的扣子，
会扣住许多野鸡和白鹇。
你们打到的飞禽与走兽，
就像蚂蚁蜜蜂一样数不清。
用各种羽毛扎在草排上，
就像新草房那样漂亮齐整。
串串的飞禽尾巴没处挂，
野牛野猪麂子马鹿的头，
摆满了你家宽敞的竹楼，
堵住了人经常上下的楼门。

这些基诺人世代传唱的民歌表明，在很长很长一段历史时期里，基诺族一直是把狩猎当作维持生存的十分重要的手段，这种状况一直持续到中华人民共和国成立后。长期研究基诺族发展史的郑晓云教授，1983年到基诺山搞民族调查时还参加了一次山寨打麂子的狩猎活动，并在其专著《最后的长房》中做了记叙。

因此，从这个意义上讲，基诺族身上或许真的流淌着古老的氐羌人的血液，是个“狩猎”民族。

刀耕又火种

然而，随着时代发展和社会的进步，受周边傣族、汉族等兄弟民族的影响，基诺人也逐渐学会了开荒种地，通过种植旱稻、玉米等解决粮食问题。于是，便又创造了独特的“刀耕火种”，即通过砍树、放火烧掉一片山林，把烧尽的草木灰做天然肥料，然后在烧过的山地上撒播种子。这种耕种方式完全不同于中原以牛马拉犁来耕地、人在后面撒种的传统农业生产方式。

有一首基诺山寨长老传唱的《普遮支》歌谣，极为详细地描述了基诺人是如何进行“刀耕火种”的。

长老们这样唱道：

旧的一年过去了，
新的一年到来了，
不会绝种的知了，

脱了一层壳又叫了。

知了一叫，

砍山烧荒的时节又到了。

春天到来时，寨子里的卓巴、卓色等长老都聚集一起，集体敲定耕种的日子。

于是，全寨子里便忙活开了。派出会说“傣话”的人到山下坝子向傣族人购买耕种所需要的物资，打铁的打铁……一切就绪后，几十个男人，上百个女人，背上钐刀，带上芭蕉叶包着的米饭，就上山了。村寨长老卓巴率众向山神、地神祷告。

等到四月份雨水来临，便是基诺人下种的时机到了。

被大火烧过的一片空山地就出现了《普遮支》歌唱的独特播种画面：

男人在前拿着点种棒，

女人背着谷种随后跑，

地头种饭谷，

地脚点糯稻。

火地上到处是灰，

点种庄稼不必用肥料。

下完了谷种，

要请父母的亡魂来照料，

母亲看地头，父亲守地角。
用黑心树做的弩把，
用黄竹做的弩箭，
装上汉人做的铜箭头，
再涂上见血封喉的毒药，
射死吃谷种的走兽和飞鸟。
要让一粒种子发一棵芽，
一棵芽发成十蓬旱谷苗。
谷秆像竹子一样壮，
叶子宽阔得像芭蕉，
谷穗像是元酸木开的花，
谷粒像腊仑果又大又饱。

就这样，基诺人一次“刀耕火种”就彻底完成了，剩下的就是等待旱稻、玉米逐渐成熟再收、摘。

在西双版纳，不仅仅是基诺族实行刀耕火种，拉祜族、布朗族、哈尼族、佤族等少数民族也都曾经采取了这样的原始生产方式。不过，基诺族或许在刀耕火种方面表现得更为典型与历史悠久。

知名的生态人类学专家、云南大学教授尹绍亭先生，对云南少数民族尤其是基诺族的刀耕火种做了深入研究。他认为，作为森林农业形态的刀耕火种，在我国产生的历史极为悠久，古代

陈列在博物馆里的基诺族农耕工具

其分布地也颇为广泛，而具有丰富森林资源的亚热带地区，为人们提供的最便捷的生存方式就是刀耕火种农业。不过，尹绍亭先生进一步指出，“刀耕火种并非是什么特定的原始社会的产物，而是森林民族的生存方式，是他们适应利用森林环境和森林资源的表现形式”。

为什么如基诺族这样的山地少数民族要从事以“刀耕火种”为特征的农业?

尹绍亭先生有这样一段精彩的分析，很能解疑释惑。他说：“既然人类生计形态是适应生境的产物，那么，山地民族为什么要以刀耕火种为业，也就只能从其生境条件去寻求答案了。”

在热带和亚热带山地，总体看，土壤比较贫瘠，山坳和盆地中的泉水、河流很难被用于山地灌溉，加之高地、天冷、水寒、风大，不利于水稻生长，因而很多地方不宜发展水田灌溉农业。水田农业生态系统作为单一的粮食生产系统，虽然有高产稳产的优越性，然而却满足不了山民衣、食、住等的需要。

正如尹绍亭先生所言，山地森林资源丰富，可以利用其作为土地投入，充沛的季风雨量足以满足作物生长的需要，人们不必为难以建造水利设施而担忧，刀耕火种于是成为山地自然环境可供利用的生产形态。不过，人类对于生产方式的选择，不仅必须遵循适应其生存环境的原则，而且还要求其具有满足人类需求的健全的功能。山地作为居住于此的少数民族生存环境，最突出的特点就是封闭。受交通的制约，自给自足便成了山民们谋生的最基本要求。

尹先生进一步指出："刀耕火种地俗称'百宝地'，一块地可间种或套种旱稻、玉米、高粱、粟、龙爪稷、棉花、花生、苏子、瓜、豆、芋头、山药、马铃薯、青菜等十几种作物。其中既有多种粮食，又有丰富的蔬菜；既有穿衣的原料，又有经济作物。林地抛荒休闲后，生长的树木和茅草是建房的材料和柴薪；休闲地又是盛产蘑菇等野菜和狩猎的最佳场所。在山地封闭的生活条件之下，试问还有什么样的生业具有如此众多的功能，能如此有效地满足山民生活的多方面的需求呢？由此看来，山地民族之所以从事刀耕火种，之所以选择这种适应方式，归根结底是因为生境条件的限制和刀耕火种农业生态系统的特殊的功能所致。"

彩虹衣与特懋克

走进基诺山寨，只要和基诺人交朋友，了解得再深入一些，就会发现他们具有一些特色鲜明的生活习俗。

最先映入我们眼帘的是，基诺人的民族服饰与其他民族的衣着打扮完全不同。

诚然，时代前进到21世纪，随着社会的不断进步和民族文化的融合，今天的基诺人尤其是年轻人平时穿着基诺族服饰的越来越少，他们大都为了简便而着现代服装，只有在山寨举行重大节庆活动时才会换上本民族的装束。这也正是不少民族学者担心基诺族传统服饰会渐渐消亡的原因所在。

基诺族人数虽少，但在服饰上是一个很有特点的民族。

有这样一个关于“彩虹衣”的美丽传说：很久以前，基诺人的一位祖先老阿嫫把天上的彩虹

基诺族女子在手工织布

给一个饱经磨难的基诺族姑娘披在身上，让她变得如仙女一样美丽，过上了吉祥幸福的生活，从此，基诺人就把“彩虹”作为本民族特有的装饰。

现实世界里，由于受居住地理环境的影响，生活在西双版纳原始森林中的基诺族都爱用“砍刀布”作为自己一年四季的装束。通常情况下，男子头上包白色或黑色头巾，穿无领无扣的对襟黑白花格上衣，前襟和胸部有几根红、蓝色花条，背部绣有太阳花式图案，下身穿黑色粗布长裤。

行走在基诺山，我多次目睹了基诺族妇女用手工纺线。亚诺寨的切薇，还赠送给我一件她母亲亲手用砍刀布制作的男式上衣。在我看来，基诺族女子的服饰要比男子的漂亮而丰富。她们不分老幼，头上爱戴白色尖顶的三角状帽，这种帽子别具一格，与现代都市人雨衣上的尖顶帽颇有几分相似，这是基诺族妇女服饰的一个显著标志。我前三次去亚诺寨调查，有两次给一个基诺族妇女拍照，她都没有戴尖顶帽，事后看照片总觉得不满意，第三次再去，我首先让她戴上尖顶帽，拍出来的照片果然基诺韵味十足。

在基诺山寨，我们看到，基诺女子一般常穿无领对襟短上衣，黑布镶红边，并缀花边、彩布，背部绣有太阳花图案，其上衣多以白、蓝、

女子彩虹衣背部

黑色为主，领口、腰围、背部和袖口都绣有各种图案的花纹，身背一条大麻布袋；下身穿黑色镶有花条的粗布短裙，打蓝色或黑色绑腿，以防丛林中蚂蟥蚊虫的叮咬。未婚女子胸前还要系上一块菱形胸饰，上面绣有各种花纹。

和云南其他一些少数民族一样，基诺族男女也喜欢戴耳环，而且喜欢大的，耳环眼也要大。因为，在他们看来，耳环眼的大小，是一个人勤劳与否的象征，所以从小就穿耳环眼，随着年龄的增长而逐渐扩大。如果一个人的耳环眼小，则会被人认为是胆小、懒惰。

爱美的基诺人还喜欢用槟榔、石灰粉、花梨木炭染黑牙。受傣族影响，基诺族也有文身的习俗，不过一般是家庭富裕的人或有文身爱好的人才纹。

按照基诺族的传统，人出生后成长中有个很重要的礼仪，那便是13岁的“成人礼”。只有通过了成人礼，基诺族的少男少女才能被认可跨入成年人行列，有资格谈婚论嫁。

这一点，同生活在云南西北部泸沽湖畔的摩梭人以及普米族一样，他们的孩子到了13岁也要举行自己的成人礼。

对基诺族人来说，大多数寨子都以参加村寨里青年组织“饶考”“米考”来作为成年礼象征的。男孩年满13岁，参加了男青年的组织“饶考”后，父母会赠给他一套农具和成年服饰等，才算完成了一个男子成长中所必需的成年礼。对于女青年来说，有的村寨要求必须参加“米考”组织，有的村寨只需父母赠给相应的劳动工具，更换成年女子服饰，就算通过成人礼了。

举行了“成年礼”仪式后，基诺族青年不仅有权与意中人谈恋爱、组建家庭，还要承担起维护乡规民约、守护村寨安全等义务。

与世界各地所有民族相同或相似的是，基诺族自古以来也有自己的信仰。在基诺人眼里，万物皆有灵。在他们日常生活里，神灵无处不在，比如山有山神，地有地神，树有树神，谷有谷神，雷有雷神，等等。他们崇拜大自然，也更崇拜祖先，尤其是崇拜创世始祖阿嫫尧白。凡是有重大生活、生产活动，通常都要向相关的神灵祈祷、献祭。比如开展刀耕火种，采摘春茶，举办婚礼，建盖新房，过新米节与特懋克节，统统都要先宰杀猪狗牛鸡等祭祀一番各路神灵。

我们知道，在中华人民共和国成立以前，基诺族还处于原始社会末期的状态。虽然，当时的傣族封建土司领主在政治上统辖着整个基诺山，但是在基诺山密林里基诺人居住的一个个村寨中，日常的一切实际皆由寨子里的长老——“卓巴”“卓生”说了算。卓巴被基诺人视为“寨父”，卓生则充当“寨母”。他们被从最早建寨

基诺族男子在制作工具

的两个氏族中挑选出来，也不需要具有高人一等的特殊才能，奉行“长者为尊”，即便他身有残疾也必须担起这样的职责。但凡村寨里有重大活动，一律要由他们出面主持。

每个村寨都有这样的卓巴和卓生，另外村寨里还设有“巴努”“生努”“达在”“扣普楼”与“乃厄”，他们一道组成了掌控村寨的“七大长老”。这种体现着原始社会氏族部落特点的管理习俗，一直持续到新中国社会主义制度实行后才逐渐停止。

外省人来到云南就会发现，云南由于少数民族众多，所以民族的节庆活动也很多，不胜枚举。如果要论一年中最重要的节日，对汉族人而言是春节，对西双版纳的傣族人而言是泼水节，对大理白族人来讲是三月街。

说到民间节庆，基诺族传统上也有许许多多。比如，新米节，祭大龙，火把节，叫谷魂，上新房等等。

但是，特懋克节才是基诺族最隆重、最盛大的节日。特懋克，是句基诺语，它的本意是“打大铁”。早年的特懋克节是打铁节，是基诺族人民为纪念铁器的出现及使用而举行的节庆。每年腊月间，各个基诺族村寨，自择吉日，宰牛、杀猪隆重庆祝。

对基诺人而言，铁至关重要，而铁匠也因

此备受尊敬。因为，有了铁器，基诺人才有了打猎、砍地、煮茶做饭的重要工具。

正如基诺族民歌《普遮支》所歌唱的：

铁锤叮当响，
铁匠打铁了，
炼掉了铁屑，
锻成了好料，
一锤打出了小尖刀，
二锤打出了小弯刀，
第三锤打出来的是大砍刀，
第四锤是细长的篾刀。
一锤又一锤，
锤声寨中飘，
旧的年份打掉了，
新的年景要创造。

根据基诺族民间传说，在基诺人还没有使用铁器的时候，有个妇女怀胎很久却不生产。胎儿一直怀了九年零九个月才呱呱坠地。那婴儿一离开娘肚，随即变成一个右手持锤、左手握钳的粗壮大汉，三下两下就在屋里支起火炉，叮叮当当打起铁来。是他，让基诺族人从此使用上了铁刀、铁斧、铁锅，大幅度提升了生活质量，加快了社会的进步。为纪念这个历史性的变化，懂得感恩的基诺人便于每年农历腊月间过一次他们称之为“特懋克”的打铁节，并将这个传统节日代代相传。

历史上很长一个时期里，基诺人过特懋克节并没有固定节期，一般是由长老们在每年的农历腊月择日举行。

过去，虽然基诺人都过特懋克节，但活动内容远不如今天这样丰富多彩。当时，通常是由各寨的长老卓巴、卓生等算出每年的特懋克节的时间，安排好凑钱、剽牛、酒席等相关的节日活动。

据基诺族老人说，在特懋克节来临的那天清晨，按惯例，长老卓巴用力敲响全寨那只供奉在他家里的大鼓，发出节庆开始的信号。伴着“咚咚”作响的鼓声，家家户户的人们身着节日盛装，一齐涌向预先布置好的剽牛场。

待村民到齐以后，卓巴长老来到那头专门买来用于祭祀的黄牛前，喃喃有声地念诵一段传统的剽牛词，随后吩咐乡亲们开始用竹子削成的竹标剽牛。之后大伙就一起剥皮分肉。按基诺人的规矩，分肉时要首先割出7份分给寨中的卓巴、卓生等7位长老，然后再按所凑钱的数目分给各户人家。

当然，杀鸡宰猪，置办丰盛的酒席也是少不了的。中午时，寨子里每户的男性家长要带上自家早已准备好的酒菜佳肴到卓巴家共祭大鼓。铁匠打铁使用的铁锤、铁钳以及鸡毛、姜、芋头、鸡冠花等物品，也被供在大鼓前的供桌上。卓巴、卓生等“七老”依次而坐，卓巴诵念祭词，握槌击鼓，带领人们跳大鼓舞，唱迎新辞旧的歌。

傍晚，寨中“七老”又相约到寨内各家祝贺吃夜饭。夜晚到来后，全寨男女老幼齐聚在卓巴家，听寨中歌手吟唱基诺族的传统歌谣，辞旧迎新。男女青年还要在卓巴的竹楼附近载歌载舞，彻夜狂欢。

第二天，按照老辈人传下来的规矩，寨子要把一只捉来的竹鼠赠给铁匠，然后众人簇拥着铁匠和铁匠的徒弟到另一长老卓色家举行一次象征性的打铁活动。在众目睽睽之下，铁匠与徒弟，用炉火现烧一块铁片，再用铁锤叮叮当当敲打一遍，寓意着打好新刀、新斧及新农具，即将投入春耕生产，迎来丰收年。这一切需要共同参加、见证的仪式完成后，寨子里的人们便可以自由地开展荡秋千、打陀螺、走亲访友等活动，欢庆这个基诺人一年中最隆重的节日。

1988年1月28日，西双版纳傣族自治州人大常委会第三次全体会议根据基诺族人民的意愿，将这个节日定为基诺族的年节，于每年2月6日至8日统一举办盛大的庆祝活动。

在基诺族中地位很高的铁匠

如今，每逢佳节来临之际，特懋克节在继承的基础上又有了扩大与创新，由各寨过去自己过，变成了整个基诺族、所有基诺族村寨一起在同一个时间过，全乡统一举行庆祝典礼，邀请各级党政领导、各族各界代表与基诺族人民共度，增加了基诺族传统文化展示，山寨土特产商品买卖和文艺演出等，并吸引中外游客等一起参加，以此增进各民族之间的友谊与团结。如今的特懋克节，已扩展成为显示基诺族历史文化和民族风情的盛大民族节日。

2020年1月初，基诺山乡给我发来了去版纳过特懋克节的邀请，可惜后来取消了庆祝活动，否则我一定会去基诺山现场感受一下。

不过，从电子邀请函看，原计划的2020年特懋克节庆活动内容确实丰富多彩。

主题是“感恩基诺情、圆梦小康年”，举办时间为2020年2月5日（星期三）至6日（星期四），举办地点在景洪市基诺山基诺族乡。整个活动由中共景洪市委、市人民政府主办，中共景洪市基诺山基诺族乡委员会、乡人民政府承办。我注意到，庆典中还专门设有攸乐贡茶文化一条街，让人们感受基诺族的茶文化。

虽然2020年的特懋克没能如愿举行，但我们从2019年特懋克节的记叙中，可领略到如今政府部门举办的特懋克与昔日基诺族民间过特懋克的异同。

在景洪市政府网站上，我查到了陈丹写的一篇纪实文章《基诺山基诺族乡欢庆基诺族40周年暨2019年特懋克》。原文如下：

缤纷的彩旗迎风飘扬，隆隆的鼓声响彻云霄，一群群头戴尖尖帽、身着七色彩虹编织的男女老少一排排沿街而站，用基诺族特有的基诺大鼓舞欢迎到来的嘉宾。

今天，2019年2月2日，在美丽神秘的基诺山乡，一场隆重的视听与饕餮盛宴即将开启。今天，正值基诺山乡一年一度的特懋克节，同时也是基诺族被国务院确定为56个民族的第40个年头，更是备受外界人士广为推崇和赞誉的民族盛会之一。

第一篇章：神圣祭祀祈福年。“尊敬的各位领导、各位来宾、亲爱的父老乡亲们：大家早上好！”伴随着主持人的开场白，特懋克庆典拉开了序幕。首先，乡党委副书记、乡人民政府乡长白兰同志代表基诺山基诺族乡党委、政府向莅临活动的领导嘉宾表示崇高的敬意并致以诚挚的问候，随后，西双版纳州人民政府副州长赵家信宣布庆典开始。

紧接着，基诺山乡最具威望的七位长老以卓巴、卓色、巴怒、色怒、乃呃、阔普咯、普怒的顺序轮流完成了神圣的祭鼓仪式。祭铁房仪式也紧随其后。一会儿，由村民装扮成原始基诺族祖先的嘎柱咧队伍入场，聚焦了来自各地游客嘉宾和媒体的目光，《嘎柱咧》是基诺族传统祭祀舞蹈，寓意的是辞旧迎新且不忘老一辈的艰苦岁月。

第二篇章：百人齐跳大鼓舞。在一系列仪式过后，备受万众期待的特懋克庆典终于开场。踩着欢快的鼓点，来自基诺山寨、巴朵儿童之家、茄玛村等七个鼓舞方阵跳起了激昂的大鼓舞，一举一动间，都展现了各自村寨的特色与大鼓舞独有的韵味，更赢得了现场一阵阵掌声和欢呼声。

今日巴坡寨

巴洒二队的文艺队为嘉宾们带来了传统又有趣的特懋妞，现场欢笑声不断。最后，在主持人的引领下，嘉宾们与所有演职员们齐跳团结舞，共同感受大鼓舞的魅力。至此，精彩无限的2019年特懋克庆典圆满落下帷幕。

第三篇章：众人共享长桌宴。一排排竹制的桌椅，一副副竹制的碗筷，一桌桌令人垂涎欲滴的原生态基诺美食，用芭蕉叶、粽叶等搭建的原生态舞台，走进基诺美食长桌宴会场，有一种身处原始森林的“错觉”，聚集了来自全国各地的嘉宾朋友。人们依桌而坐，品尝着基诺美食，斟酌着基诺美酒，观赏着基诺歌舞，畅谈着新年愿望与人生理想，呈现出一幅和谐又美好的景象。

新的一年，基诺山乡在党的民族政策的光辉照耀下，与时俱进，再谱新篇。

贡茶为何出攸乐

时至今日，云南普洱茶已经闻名海内外。

而出产上好普洱茶的地方主要都集中在西双版纳、临沧、普洱等地大小不一的茶山上。这些茶山中，就有在古六大茶山中首屈一指的攸乐山。

正是由于攸乐山在茶山中的“大阿哥”地位，才从清朝起，被选作皇家贡茶。

源远流长的贡茶

在修通公路的今天，去基诺山十分方便，它距离西双版纳傣族自治州首府景洪市并不遥远，几十公里的车程即可到达乡政府，交通比以往实在方便太多了。

经过一个多小时的山路疾驰，我再次来到了基诺山。这是2019年12月29日的上午，晴天丽

云中基诺山

日，山林中的空气更是格外清新。

“看，我们基诺山的云海很美吧！”站在一处半山腰，远眺着远处被一片片洁白云雾缭绕的洛特村普希老寨，我一边激动地按下快门拍照，一边听着身旁一位基诺山乡干部的介绍，如同身在人间仙境之中。

俗话说：“云雾山中出好茶。”此话果然不虚，难怪在清朝时，攸乐山出产的茶叶就被朝廷选作贡茶。

所谓贡茶，是指中国古代专门进贡皇室，供帝王将相享用的茶叶。

关于贡茶，根据有关专家学者的研究，作为中国古代地方官员向朝廷进贡当地名贵土特产的一种制度，很早就有了。

现在能找到的文字相关记载见于晋代常璩的《华阳国志·巴志》，说的是周武王一举灭商后，西南地区的巴蜀部落将“鱼铁盐铜，丹漆茶密……皆纳贡之”。

到了唐朝、宋朝，举国上下，饮茶之风渐起，贡茶制度更是不断完善。唐朝还把专门的贡茶院设立在了一些名茶的主产区，到鼎盛时期，贡茶院的规模甚至达到有工匠千余人、役工数万人。

宋朝时，茶风更盛。酷爱饮茶的宋徽宗，对茶颇有研究，竟然在国事之余，根据自己的品饮心得，专门撰写了《大观茶论》，纵论制茶、品茶。

基诺山粗大的古茶树

赵佶在书中描述贡茶时写道："本朝之兴，岁修建溪之贡，龙团凤饼，名冠天下。而壑源之品，亦自此而盛。延及于今，百废俱兴，海内晏然，垂拱密勿，幸致无为。缙绅之士，韦布之流，沐浴膏泽，熏陶德化，咸以雅尚相推，从事茗饮。故近岁以来，采择之精，制作之工，品第之胜，烹点之妙，莫不咸造其极。"

元、明两朝，仍然保留了皇家贡茶的一贯做法。

至清朝，贡茶范围逐渐从原来的福建、浙江、江西等地扩展到了云南，普洱茶开始进入了京城。于是才有了后来在攸乐山设立"攸乐同知"，专事采办攸乐山普洱茶之事。

攸乐山（基诺山）位于今天的景洪市所辖区域内，方圆数百公里。这里是普洱茶的六大茶山之一，基诺族人民世世代代生活居住于此。基诺族的山寨，多建于山顶或半山腰上，山寨四周森林环绕，茶树也间杂其中，有着独特的热带雨林奇观，其中有些还在国家自然保护区范围内。

按照植物学家的研究，地貌、气候、土壤类型等都是茶树种植生长的重要先天自然条件。茶树生长通常要求地形以丘陵为主，排水条件要好。尤其要求降水充沛，年温差小、日夜温差大，无霜期长，光照条件好，夏秋雨多雾大，这样的气候条件才能适宜各种类型的茶树生长，尤其适合云南大叶种的茶树生长。

基诺山系无量山余脉，山峦连绵起伏，没有雄伟高耸的山峰，境内最高海拔1691米，其他许多山谷的海拔大都在1000米左右。年最高温度高达39℃，年平均温度在20℃，常年高温、多雨，非常适合茶树、茶叶的生长。

由于缺乏历史文献记载，今天没有人能说清基诺族究竟从什么年代开始种茶、吃茶。所有从事云南茶叶历史文化研究的专家们，在探讨基诺族栽培利用茶叶历史时，唯一能够依靠的只有两个从古代口口相传下来的神话传说。

第一个传说是基诺族的创世女神阿嫫尧白开天辟地、创造了人类后，把天地等分配给汉族、傣族等各族去管理，由于基诺族没有前去参加分配，阿嫫尧白担心他们生活有困难，就将一把茶籽撒在了攸乐山上，让他们以茶为生，此后攸乐山就成为盛产茶叶的地方了。

第二个传说是，早在三国时期，蜀国丞相诸葛亮率大军南征到攸乐山，有小部分士兵在行军途中因疲劳而贪睡，当他们一觉醒来，却发现大部队已经走远了，他们急忙去追，但孔明向来治军很严，不肯收留他们了，所以这些人被“丢落”在攸乐山，他们慢慢繁衍后代就形成了基诺族。心地善良的孔明先生想到让这些掉队者留在这样荒无人烟的大山上，恐怕难以生存，就给了他们一把茶籽，教他们种茶卖钱谋生。于是，基

花果同枝

诺族就在攸乐山种起茶来，使之成了后来驰名的普洱茶六大出产地之一。

清朝道光年间编撰的《普洱府志》卷二十“古迹”说：“六茶山遗器，俱在城南境，旧传武侯遍历六山，留铜锣于攸乐，置铓于莽枝，埋铁砖于蛮砖，遗木梆于倚邦，埋马镫于革登，置撒袋于漫撒，因以名其山。又莽枝有茶王树，较五山茶树独大，相传为武侯遗种，今夷民犹祀之。”这也引用的是民间传说而已。

直到如今，人们在我国古代存留下来的官方史料中，仍然没有找到关于基诺族究竟源自何处、最早从何时开始种植茶叶的准确记载。而这些神话传说只能作为参考。

有一点可以肯定的是，最迟在我国的清朝时期，史料文献里已经明确有了关于攸乐山产茶的记载。

不过，到了清朝道光年间，六大茶山的顺序发生了变化，攸乐山一下子掉到了最后。在道光年间编撰的《普洱府志》卷八“物产”中记载：“茶味优劣别之以山。首数蛮砖，次倚邦，次易武，次莽枝（其地有茶王树，大数围，土人岁以牲醴祭之），次漫撒，次攸乐，最小则平川，产茶名‘坝子茶’。此六大茶山之所产也。其余小山甚多，而以蛮松产者为上，大约茶性所宜总，以产红土带砂石之阪者多清芬耳。”

这段话大概是说，茶叶滋味的好坏因山而不同。最好的是蛮砖，第二是倚邦，第三是易武，第四是莽枝，第五是漫撒，第六是攸乐，最差的是地势平坦的地方生产的名叫“坝子茶”，这是六座大茶山生产的茶叶。剩下的产茶小山头很多，尤以蛮松生产的茶叶为最好。

虽然，关于孔明教基诺人种茶叶的传说听上去似乎也言之凿凿，但当代许多专家学者都对此深表怀疑，认为是子虚乌有，其主要依据是史书中并没有诸葛亮南征到西双版纳的任何记载。

不过，包括了攸乐山茶叶在内的云南普洱茶已经名声在外。

我在查阅云南茶叶史料时，惊喜地发现了一则一百多年前的普洱茶商标，原件被珍藏在云南省档案馆。

据史料记载，清朝末年的1910年12月，多年在云南普洱府思茅厅一带从事茶叶经营的商人张维藩、周肇京、苏尔贞等在当地成立了云霁茶庄，从事普洱茶的改良和贸易，并申请注册了“美寿”商标为茶庄茶叶专用品牌。

他们还特意去香港、上海、汉口等地实地考察。1911年，云霁茶庄按照考察后学习的新工艺制作出第一批“美寿”牌普洱茶，呈请云南劝业道查验，并将云霁茶庄改名为云霁合资有限公司。

为鼓励普洱茶实业发展，云南劝业道专门下

发告示到滇省各地，要求各地政府对云霁合资有限公司贩运散茶过境时加以保护，并要求各地随时查禁假冒或仿造该商标的普洱茶叶。

云霁公司还为此特意发布了带有“普洱贡茶”字样的商标，张贴到商埠及产茶地区的热闹街市，借以晓谕广大民众，扩大影响，起了“广而告之”的宣传作用。

而1926年浙江柴小梵的《梵天庐丛录》一书清楚地说：“普洱茶产于云南普洱山，性温味厚，坝夷所种，蒸以竹箬成团裹，产易武、倚邦者尤佳，价等兼金。品茶者谓之比龙井，犹少陵之比渊明，识者韪之。”张肖梅在其所编的《云南经济》第十二章第一节中也说：“大山茶以倚邦、易武、曼撒、架布、曼专、莽枝、革登、曼松、攸乐等处最著，而以攸乐为中心。”

巴卡老寨农户在晒台上晒春茶

朝廷专设了办茶的“同知”

攸乐山种茶，历史悠久，源远流长。

根据现今能找到的史料看，我国最早关于西双版纳产茶的记载见于唐朝。唐樊绰在《云南志》卷七中说：“茶出银生城界诸山，散收，无采造法。蒙舍蛮以椒、姜、桂和烹而饮之。”

所谓“银生城”，按照著名历史学家方国瑜先生的考证，即那时南诏国所设“开南银生节度”区域，在今普洱市的景东、景谷以南之地。产茶的“银生城界诸山”，恰好在开南节度管辖界内，亦即在当时受着南诏统治的今西双版纳产茶地区。樊绰口中的“蒙舍蛮”，正是洱海区域的居民。以此推论，早在1000多年以前，西双版纳的茶叶已行销洱海地区了。

但在元朝以前，地处中原内地的历代中央王朝，真的是鞭长莫及，其统治并未真正延伸到像西双版纳这样当时被视为边远偏僻的“蛮夷之

位于巴坡寨的中国基诺族博物馆

远眺群山环抱的普洱市

地”，最多只能依靠南诏、大理国等来进行所谓的“羁縻之治”。

1253年，元世祖忽必烈亲率蒙古大军，一举灭掉了偏安云南的大理国。后设“云南行省”，将其纳入元帝国版图，才将以前若即若离的松散“羁縻”变成了直接驻军派官的紧密统治。从元代起，攸乐山属“彻（车）里军民总管府”管辖，明代置“车里宣慰司”。据《云南通志》记载：明代中期，滇西马帮已开始进入攸乐山驮茶贩卖。明朝末年，龙帕寨（今亚诺寨）已有汉族茶商进入贩茶。不过，云南的茶叶在元、明两朝时仍未能引起朝廷的重视。

直到清朝，云南普洱茶才开始进入朝廷的视野。

在今天基诺山基诺族乡的巴坡寨，有一个中国基诺族博物馆。

我曾两次走进这个博物馆。馆内二楼，陈设有关于清朝设立“攸乐同知”的介绍：

攸乐山，即基诺山，是享誉中外的盛产普洱茶的六大茶山之首。传说三国时期，基诺族人民就已开始种茶，并能进行初步的茶叶加工。1729年清政府设立“攸乐同知”，派官员征收茶捐赋税，当时有许多茶商和马帮前来收购茶叶，基诺山的龙帕寨曾是清政府设立的茶场，是当时的制

基诺族博物馆里陈列的攸乐同知旧址示意图

茶中心，茶叶生产曾兴盛一时。

到清朝中期，云南普洱茶盛极一时，有资料说西双版纳六大茶山最高年产量曾达8万担，其中车里、攸乐山、大勐龙等产茶5000余担。这自然引起了清朝政府的重视。

这才有了后来设立“攸乐同知”专司攸乐山茶叶买卖之事。

相关专家研究表明，雍正七年至光绪三十年（1729—1904），是普洱茶被选作贡茶的时间。资料显示，清政府每年支银1000两采购普洱贡茶。

雍正年间，云南普洱茶正式写入朝廷贡茶案册，并被指定为皇家冬天专用茶。清廷由于特别喜爱普洱茶，规定每年需上缴贡茶六万六千斤。

清朝皇帝为何喜欢普洱茶？有专家认为，是因普洱茶的“酽”，冬天饮用，既可暖身，又可去油腻。据说，在云南普洱茶中，雍正帝、乾隆帝、嘉庆帝爱喝易武，道光帝喜欢娜罕。乾隆皇帝还诗赞“独有普洱号刚坚，清标未足夸雀舌”，对普洱茶喜爱有加。另外，朝廷还把普洱茶当作国礼赠给外国使臣。正是因为清帝的倡导，普洱茶在大清朝一时声名鹊起。

据清宫档案记载，光绪皇帝一年要喝33斤多普洱茶：“皇上用普洱茶，每日用一两五钱，一个月共用二斤十三两，一年共用普洱茶三十三斤十二两。”一年喝33斤多，还不算“一年陆续漱口用普洱茶十一两”。

研究清朝相关历史文献时不难发现，清政府为了强化对西双版纳、普洱一带的茶叶经营管理，特意在衙门里安排了若干职位，分别是思茅的茶叶总店和攸乐同知。

清雍正七年（1729）普洱府成立后，攸乐山便被指定为贡茶采办地之一。为加强对西双版纳、普洱等地茶叶生产的管理，云贵总督鄂尔泰对车里宣慰司强行“改土归流”，将六大茶山划归普洱府。

清代学者倪蜕在其《滇云历年传》卷十二中记载：“雍正七年己酉，总督鄂尔泰奏设总茶店于思茅，以通判司其事。”

清《道光云南志钞》卷一《地理志》中载：“普洱府。雍正七年，裁元江通判，以所治之普洱六大茶山及橄榄坝，江内六版纳地置普洱府，又设同知驻所属之攸乐，通判驻所之思茅。”

从这些记载中可以看出，清雍正年间，为了加强对云南普洱、西双版纳一带的管理，在专门组建了“普洱府”的基础上，还根据云贵总督鄂尔泰的奏请，于思茅成立了总茶店管理当地的茶叶交易，因攸乐一带“系车（里）茶（山）咽喉之地”，又“以高瞰下”，在攸乐山设立了“同知”一职（为普洱府下辖），并设右游击一员，带千总一员，把总两名，马步兵丁五百名驻扎防范。攸乐同知的职责主要是负责西双版纳六大茶山一带的社会治安，督促普洱茶的生产及运销事宜，采办普洱贡茶等。同时还规定，江外（澜沧江以西）的车里宣慰司也要岁纳银粮于攸乐同知，攸乐同知是流官掌权，清政府赋予了攸乐同知较大权力。

据考证，当年的攸乐同知驻地在今基诺山的茨通老寨旧寨址，海拔1300米。清初，那里有一条茶马古道连接各茶山，通向普洱府，是六大茶山通往思茅、普洱的必经之地。

有专家研究后认为，攸乐同知设立时，攸

茶马古道雕塑

乐山有36个村寨，其管辖的地域相当宽广。据记载：攸乐同知管辖的地域东至南掌国（老挝）界七百五十五里，西至孟连界六百里，南至车里（景洪）界九十五里，北至思茅界四百四十而里，即东西宽一千三百五十五里，南北宽五百三十七里。

清政府还在思茅设立总茶店，“以通判司其事”。据倪蜕《滇云历年传》载：“商民在彼地坐放收发，各贩于普洱，上纳税课转运，由来已久。至是，以商民盘剥生事，议设总茶店以笼其利权。于是通判朱绣上议，将新旧商民悉行驱逐，逗留、复入者俱枷责押回。其茶令茶户尽户尽数运至总茶店，领给价值。私相买卖者罪之。稽查严密，民甚难堪。”

为了加强对茶山的控制，云贵总督鄂尔泰在普洱府成立之初，之所以下令在思茅设总茶店，其实是不允许外来茶商私自进山收茶，而改由官方垄断经营，规定每驮茶纳税银三钱，令通判朱绣管理。朱绣因此上书：将新旧商民悉行驱逐茶山，逗留、复入者俱枷责押回，令茶户尽数将茶运至思茅总茶店，领给价值。私相买卖者罪之。雍正七年至十二年（1729—1734），西双版纳六大茶山产的茶叶均需交到思茅总茶店。

到乾隆时期，由政府任命的当地茶山土千总和贡茶官曹当斋管理六大茶山，茶山社会秩序开始安稳，大量内地人口涌入茶山从事茶叶生产，六大茶山茶园面积倍增，产量翻番，普洱府对茶的管理再度放宽。

《普洱府志》记载：乾隆十三年（1748），清廷议准云南“茶引”三千（贩茶许可证）颁发到省，转发丽江府，由该府按月给商赴普洱府贩茶运往鹤庆州之中甸。此条令下发后，清政府不再设机构垄断经营茶叶，思茅总茶店已撤销，茶商可自行到普洱府贩卖茶。乾隆四十年（1775），云南每年征茶税银九百六十两。当时的攸乐同知府，一度成为攸乐人（基诺族）与外地交往的活动中心，这也是西双版纳茶叶史上逐步兴旺的时期。

另在勐海、勐遮、易武等地设立“钱粮茶务军功司”，专门负责管理当地赋税和茶政方面的问题。因交通闭塞、瘴气严重等原因，雍正十三年（1735）清政府把攸乐同知转移到思茅。

乾隆年间，攸乐同知被撤销，贡茶由倚邦土千总监管，日常管理攸乐山的土目是攸乐人。没了官府的限制，茶商进入攸乐山贩茶更为便利，攸乐人也可以自行用茶叶换粮食、盐巴、布匹，有不少汉人因茶叶经营而到攸乐山长期定居。

当时，清政府不仅专设行政机构、加派官员管理普洱茶，为便于统计、征税和交易，还推出了“云南茶法”。雍正十三年（1735），朝廷颁布了云南茶法，规定买卖云南茶叶须持“茶引”。朝廷批准云南每年发“茶引”三千，每引购茶一百斤。云南茶法还特别规定交易之茶需为圆饼状，每个圆饼重七两，七个圆饼为一筒，每筒四十九两，每筒征税银一分，每张“茶引”可买三十二筒（合老秤约一百斤），上税银三钱二分，永为定制。这便是今天人们常见的云南普洱茶七子饼茶的由来。独特的七子饼茶加工方法，其实是云南少数民族制茶工艺与内地制茶工艺的融合，明显含有蒸而成团的技术和龙团凤饼的遗韵，体现出内地文化与云南少数民族文化完美交融的特征。

应当肯定的是，云南茶法出台后，结束了以前普洱茶生产销售长期存在的杂乱无章的状态，大大推进了茶叶买卖的标准化，将云南上市交易的茶、外销的茶之形状、重量、包装规格用法律的形式固定下来。这是历史上中央朝廷正式插手、控制、垄断云南茶叶的开始，真可谓一百多年前大清帝国的“国标”茶。

包括攸乐山在内的西双版纳六大茶山，在清乾隆至咸丰时期，随着社会秩序的稳定，茶业种植发展很快。在《滇海虞衡志》中，檀萃将攸乐山排在六大茶山之首，是因为西双版纳攸乐山当时的茶叶产量一度高达1500多担。

清咸丰以前，攸乐山已有茶园万亩以上，茨

通、巴坡、龙帕、巴来、石咀、曼雅等20多个寨子都产茶。攸乐山的茶一部分被思茅、普洱的商人买去，一部分被倚邦、易武的茶商买去做七子饼茶。

虽然攸乐同知设立六年后即因瘴气太盛、士卒多病等原因而迁往思茅，但攸乐山的普洱茶生产仍不断发展，茶园面积到清代中期已达6000多亩，年茶叶产量130吨左右。清廷在攸乐设立了龙帕茶场（今亚诺村），进行普洱茶的生产加工。攸乐茶山的茶叶由普洱、倚邦、易武等地的茶商进山收购，以盐巴等换茶。至民国时期，攸乐山的茶叶主要由易武大茶商杨安元垄断，杨安元委

新茶晒青

基诺山寨古城墙遗址

亚诺(龙帕)
基诺第一寨
基诺第一村——亚诺村简介

历史上著名的龙帕（今亚诺）古茶山

派副手邱引才常驻攸乐山，在攸乐山各个村寨收茶。

这一时期，攸乐山社会发展总体缓慢，基诺人仍依靠刀耕火种，狩猎和卖茶还是其主要的经济来源。

1942年后，西双版纳基诺族因反抗政府的横征暴敛而起义，后遭国民党反动政府的镇压，茶园因之荒废，产量锐减。到20世纪50年代中期，仅产茶叶三四百担。

斗转星移，沧海桑田。如今的攸乐同知旧址，历经风雨沧桑，早已被大片热带丛林埋没，只留下一些残瓦断片等供后人凭吊，仿佛在诉说着往昔沧桑变幻的岁月。

云雾山中出好茶

出了个英雄叫操腰

被选作贡茶的“荣耀”，并没有给攸乐山的基诺人带来好日子，反而因为清政府的直接插手盘剥，更加重了当地百姓的负担。

这里，有这样一个大的历史背景需要了解。

为了真正把云南边疆民族地区管控起来，清雍正年间，云贵总督鄂尔泰向朝廷提出了“改土归流”的治边方略，就是把以前由少数民族土司管理各少数民族地区的方式改为由中央政府委派官员管理，这得到了雍正皇帝的认同。

马曜先生在其主编的《云南简史》中指出，清初对云南的“改土归流”，加强了封建中央集权制在云南的统治，促进了地主经济向云南边远地区发展，虽有一定的进步作用，但其本质仍是以剥削阶级的一种统治制度代替剥削阶级的另一种统治制度，云南各族人民仍然处于被剥削压迫的地位。

“清朝前期，云南各族人民每年负担征银209500两，征米谷杂粮227600多石，额赋之外还有杂税，仅落地牛马猪羊杂课项就有151167两之多，居全国第二位，仅次于四川。差徭更为繁重。”

这些横征暴敛，使云南各族人民无法生活下去。早在康熙年间，因不堪清王朝的重赋和杂派，大理剑川宾川的汉族、白族、彝族等族人民就已相继起义。

雍正五年（1727），镇沅与威远的拉祜族、傣族、哈尼族等族人民举行起义。起义军夜袭府署，杀死镇沅知府刘洪度，歼灭驻防清军。清王朝急忙调军镇压，起义军中的傣族土目刀如珍投降，义军惨遭屠杀，损失巨大。这次起义的主力军是镇沅与威远的拉祜族、傣族、哈尼族人民，傣族农奴主篡夺了部分领导权，中途投降清军，导致起义失败。

雍正十年至十二年（1732—1734），思茅、普洱、他郎、元江等地拉祜族、傣族、彝族等族人民又举行起义。

自雍正六年（1728）清王朝在思茅设立总茶店起，政府垄断茶叶，种茶人民“百斤之价，只得其半”，“文官责之以贡茶，武官挟之以生息”，加之“兵差络绎于道”，各族人民忍无可忍。雍正十年（1732）五月二十二日，思茅拉祜

今日巴卡老寨

族人民于蛮坝河蝙蝠洞聚会起义，与茶山、江坝、威远厅等地拉祜族、哈尼族、傣族人民的反抗遥相呼应。

还有震动全国的杜文秀、李文学起义。

这些此起彼伏的起义军狠狠打击了清政府在当地的统治势力。

巴卡老寨的茶园

标榜“三民主义”、声称民生至上的南京国民政府上台后，对全国人民、对云南少数民族百姓的剥削与压榨更是有过之而无不及。

参与基诺族识别调查的云南省社会科学院研究员杜玉亭先生在其《基诺族简史》中这样揭露了国民党反动统治者对基诺人的压榨：

据调查，20世纪20年代初巴卡寨共五十四户，每户三个半开，全村共纳税一百六十二个半开（当时云南地方政府铸造的半开银币，两个半开相当于一块银圆）。但到了1940年，苛捐杂税如毛，三次征税至少也要缴纳半开三千个（这时户数又有所增加），就是说，20世纪20年代初至40年代初的20多年间，税收竟猛增了二十余倍。1940年时的谷价是一个半开买谷五十斤，一家纳税五六十个半开，要卖出三千斤谷，这对“刀耕火种”的山区原始社会末期的村民说来，就等于端了他的饭碗，因为交税之后他们就所剩无几了。然而，正税之外又有苛捐杂税，如杀猪一口纳税三元三角，杀牛一头纳税六元六角，水牛则纳税十二元（即二十四个半开），烤酒一坛纳税十个半开，种香蕉树一棵纳税一个半开，甚至种几棵茄子、辣椒也要纳税。而国民党的税收官员来聚敛时还得招待食宿，奉送“脚钱”——一旅差费，如此等等，这许多名目繁多的捐税就把处在原始社会农村公社阶段的山区基诺族逼到了死亡线。

这里，我们还可以从云南省档案馆中保存的一份当年云南总商会转呈云南省民政厅的公函来看看当时强加给茶商的苛捐杂税有多重。其主要内容为：

1929年9月，马瑞丰、云记、云鸿号、新华庄、美利康等茶帮商号因名目繁多的苛捐太重，呈请政府取消或减轻。这些商号都在景谷县一带采办茶叶，在省城昆明设茶庄贩运。在景谷贩茶，除缴纳国定茶税每担滇票一元二角外，尚要缴纳秤捐。秤捐的定例原为每百斤买卖双方各收铜钱三文，一半用于补助学款，一半补助团费。但当地官绅勾结，为中饱私囊，不顾百姓死活，却逐年加码征收，已至每百斤买卖双方分别加抽五角，因欲再加抽三角作学款，茶商深感吃力，请求减轻学团秤捐，同时请求取消早已明令不准征收的马柜捐。

我第一次去建于巴坡寨的中国基诺族博物馆参观时，被馆内一楼手持镰刀、怒目大睁的基诺族汉子塑像所震撼。后来才知道，这其实反映了当年基诺族百姓不甘于被反动统治阶级压迫而奋起反抗的情形。

被逼得走投无路的基诺族人民忍无可忍，终于在一个叫操腰（也有人写为“搓约”“曹约”）的基诺族汉子带领下挺身反抗。

在去基诺山几处山寨做调查时，我曾经就操腰这个基诺族英雄一事向年长或年轻的基诺族询问过，大家都回答从寨子里的老人那里或父母处听说过，但对操腰的具体情况都不甚了解。

不过，在巴卡老寨的村口，我看到竖立了一块刻有“攸乐第一枪声”字样的纪念碑，而埋在地里、露出表面文字的一块石头上，则清楚地记录了当年基诺族人民反抗国民党基层政权征收苛捐杂税的事实。

有专家考证后认为，操腰，1908年出生于基诺山的曼卡寨（今巴卡寨），自幼家贫，父母双亲早亡。因借用“神灵”之名发动起义，被基诺族群众公推为义军领袖。1943年病故。

1941年，抗日战争还在激烈进行中，时任国民党车里县县长的王字鹅下令，人口稀少的基诺山区必须征调800个壮丁，每户还要缴纳150斤谷子和50斤大米做“积谷”。基诺山乡的头人飘白不堪国民党的横征暴敛，以服毒自杀表示抗议。这一事件犹如一个火把投向了一堆干柴，随即在众多基诺族人心中点燃了愤怒的烈火。

早就对国民党反动统治不满的操腰挺身而

“攸乐第一枪声”纪念碑

出。为使自己在众基诺族人中具有号召力，他假称有神灵附体，呼吁基诺族人起来反抗。

在操腰的带领下，联合哈尼族、瑶族、布朗族、汉族等族群众，数千名起义军以基诺山为中心，提出了“有冤的申冤，有仇的报仇”与“先占小勐养，后打橄榄坝，踏平宣慰街，赶走国民党”的口号，手持刀、箭、弩等原始武器，依托山区的有利地形，采用各个击破的战法，与前来镇压的国民党军队及车里县常备队等反动武装展开激战，数次获得胜利，缴获了许多枪支弹药、银圆和军用物资，令国民党车里县政府和土司兵等闻风丧胆。

基诺族义军的胜利震动了云南全省，迫于社会各界的压力，当时的省政府主席龙云不得不同意撤职查办车里县县长王字鹅，决定对基诺族等民族实行安抚政策，委任原思普殖边督办处少校营长李毓芳为车里县县长。

1943年，通过谈判，新上任的车里县县长李毓芳被迫向基诺族人承诺：一、自即日起，双方停火；二、国民党一切武装部队限十日内撤离基诺山，并保证不再烧掠村寨、屠宰耕牛。李毓芳还同意减免苛捐杂税：（一）户捐减为五毫（角）；（二）停止剿办基诺族，进行安抚；（三）免除基诺族（1941—1943）欠缴的一切户捐杂派；（四）免除基诺族每天派两人给县政府

基诺族特色木雕

无偿供应马草的劳役负担。国民党当局还答应现阶段不再向基诺族派兵，原下达的征兵令作废；停战后几年内不再对基诺山征粮派款。

就在这一年的六月下旬，接任了车里县县长一职的李毓芳对发生了基诺族群众起义的攸乐山惨状，做了这样的描述：

> 逾时二载，（夷民）遂至倾家荡产，屋舍丘墟，田原荒芜，农事尽费。迩来树皮、草根、野薯寻食殆尽。人民饿殍而毙者不可胜计。

骤起的战火给攸乐茶山造成了重创，不少基

诺族人逃离家园，许多茶园荒芜甚至被毁。有资料说，战后，产茶村寨由20多个锐减为11个，茶叶产量剧减，至1944年，攸乐茶山茶叶产量已经不足10吨。

这场由操腰等发动的基诺族人民起义，虽然付出了很大代价，但最终还是迫使国民党当局做出了妥协与让步，增强了基诺族的民族自信心和自豪感，促进了当地各少数民族的团结。

杜玉亭先生对这次起义评价说："1941年11月到1943年4月基诺族为民族生存而进行的战斗，不仅是基诺族历史上影响深远的一大事件，也在滇南边疆产生了重大影响。这次反抗斗争是边疆少数民族反抗国民党地方政府残酷压榨剥削，为保卫民族生存的战斗，其正义性是没有疑义的。"

直到中华人民共和国成立，长期遭受历代统治阶级压迫剥削的基诺族人民才真正翻身获得解放。

在中国共产党领导下，勤劳的基诺族人民开始重建家园，发展生产。从1979年被国务院认定为"基诺族"后，古老的基诺山跨入了社会发展的快车道，经过40多年的改革开放，如今告别了贫困，和全国各族人民一道迈向了幸福的小康生活。

敬茶又吃茶

采茶

历史上，昆明就是云南各大茶山茶叶销售的重要集散地。

今天，这个以“春城”闻名天下的省城，无疑是云南省最大的茶叶荟萃销售之地。城中有个人气很旺的普洱茶销售市场——雄达茶城，创办历史已经达17年之久。

伴随着普洱茶的崛起与兴盛，2003年，普洱茶开始在中国茶界走红。于是，这个在金星立交桥附近、原来以经营窗帘为主的市场，转型经营茶叶，知名度不断扩大。昆明雄达茶城逐渐蜚声海内外。

据了解，昆明雄达茶城——这个专业的云南茶叶批发市场，占地面积6万多平方米。经过多年的建设发展，它现已成为一个集茶文化夜市、喝茶品茶、休闲娱乐、茶艺交流、旅游观光、饮食文化、民族文化、商贸交易为一体的，目前国内为数不多的独具特色的茶文化城。

走进昆明雄达茶城，会发现有个“中国第一

茶城”的牌坊在蓝天白云下，特别引人注目。

漫步茶城，走过一家家高挂着大红灯笼的商铺，不时有扑鼻而来的茶香。这里汇聚了云南各大产区的普洱茶，自然也少不了攸乐山的茶叶。

这是云南各少数民族茶农、茶商、茶客与众多游客经常来的网红“打卡点”，也是云南各地、各个山头、众多品牌普洱茶的融汇展示之地。

从2020年9月起，经常进出雄达茶城的人们会发现，茶城靠近昆明市区主干道北京路的后门处，又有了新变化，那便是首次增加了中国茶圣陆羽的塑像，还创造出一小块茶园景观，园内塑造了一组云南少数民族茶农采茶的形象，其中有一个塑像便是一个头戴三角形尖顶帽正在采茶的基诺族姑娘。云南有26个世居民族，基诺族采茶的形象能被选塑于此，也说明攸乐茶山在云南茶文化中所占的重要地位。

祭茶

2020年的10月25日，这一天是重阳节，中国传统的敬老爱老节日。

头天下午，阴雨湿冷了一周之久的昆明天气终于转晴，太阳也暖洋洋的，刚从西双版纳基诺山考察回来的我，走进雄达茶城一茶商朋友的店里，带上我基诺山乡亚诺寨的茶农朋友切薇与吴应华两口子用自家数百年古树上所产茶叶制作的“攸乐古树红茶”，与几位老友一起冲泡品饮、茶叙。

用“金龙珍茗”开水烫杯、洗茶后，但见这款古树晒红，叶底条索肥大，不愧是云南大叶种。一位王姓茶艺师将刚用茶汤烫过的玻璃公道杯递给我，我连忙接过，放在鼻子附近一闻，浓郁的蜜香扑鼻而来。当茶汤倒入白色的茶盏，汤色一片金黄锃亮。大家纷纷端杯入口，品咂一番，都公认它“香、甜”！

攸乐古树红茶最大的好处是用料考究，是有好几百年树龄的古茶树上的茶叶，有机，原生态，内含营养物多。而且如此香、甜，最适合北京、上海及江浙一带喝不惯苦涩生普的朋友，用来孝敬老人自然也是很不错的。

在品饮着攸乐古树红茶的时候，我忽然看到手机微信朋友圈里有个基诺山的茶农朋友发了一组在家喝茶的图片，其喝茶时采用的方式也与全国各地普遍流行的茶台、茶盏、煮水壶、公道杯等大同小异，我不由得暗自感叹。

且不说在远离基诺山的大都市昆明，就是到了今天的基诺山，当地基诺族人的饮茶方式也发生了改变，变得与都市里喝“功夫茶”的方式基本一样。

话又说回来，不仅是基诺山的基诺族人饮茶方式变了，在云南的临沧、普洱、保山、德宏、大理等少数民族聚居的产茶地区，各族百姓的饮茶方式都变成了时下最流行的“功夫茶”喝法。近些年，我陆续去过云南普洱茶的几处著名茶山，如易武、南糯山、冰岛老寨、老班章村等，虽然他们各家的茶叶滋味各有特点，但看到每个茶农家都有一张木制的茶台、紫砂壶、电动煮水壶、矿泉水、公道杯、若干茶盅等一整套茶具，不再是以前传统的炭火烤“罐罐茶”、大茶缸泡茶那种简单的喝法。我去亚诺寨茶农朋友切薇

切薇在泡茶

家，她每次都是用这种时髦的饮茶方式招待我喝从她家茶树上摘下来的茶叶。

不过，我也注意到，虽然他们的喝茶方式变了，但有一点仍然没有改变：那就是对茶树、茶叶的尊敬没有变，甚至更加重视。这表现在，曾经停止了较长一段时期的“祭茶祖”“祭茶神”的活动，近几年来又在云南各茶叶产区、各茶山山头得以恢复。

我曾经参加过云南省普洱市和临沧市双江拉祜族佤族布朗族傣族自治县两大普洱茶产地举办的祭茶活动。普洱市的那次“祭茶祖”活动，是配合当时的普洱茶博览会开幕而在普洱市城区举

2015年普洱市的“祭茶祖”活动现场

办的，虽然规模也很可观，参加祭祀活动的有当地的拉祜族、佤族、傣族、布朗族等多个少数民族，不过因为不在茶山、茶园，主要是展演给参会的中外嘉宾看的，表演成分居多，但也可从中对比、看出各少数民族群众对茶祖、茶树的尊敬。

给我印象最深的还是2016年在有名的勐库大叶种故乡、“冰岛”普洱茶产地——临沧市双江拉祜族佤族布朗族傣族自治县举办的那次祭茶活动。

2016年4月15日的上午，由云南省茶叶流通协会、双江勐库大叶茶商会、双江勐库冰岛茶茶友协会共同主办的、名为“中国·双江第三届勐库（冰岛）茶会”在双江县青少年活动中心广场举行了隆重的开幕式，双江县的拉祜族、佤族、布朗族、傣族等族男女茶农，敲锣打鼓，身着节日盛装，载歌载舞，来自全国各地的茶商、茶人、游客及韩国友人等上万人参与了此次活动。

就在那次开幕式现场，我第一次见到了坐在我侧方前排的勐库戎氏普洱茶创始人——戎加升老先生。

出生在茶叶世家的戎加升先生，是云南双江勐库茶叶有限责任公司（勐库戎氏）董事长、戎氏制茶技艺第二代传人，还担任中国茶叶流通协会常务理事，系中国茶叶行业“终身成就奖”获得者，是云南普洱茶界赫赫有名的传奇人物。

早在1992年，他就创办了勐库茶叶配制厂。1999年，他成功收购已宣布破产的双江县茶厂，组建了双江勐库茶叶有限责任公司。2005年11月，该公司打造的550亩有机茶园通过农业部茶叶质量监督测试中心专家验收，获得国家有机茶认证。2005年，其“勐库”牌普洱茶商标被评定为云南省著名商标。2006年，他的公司被中国茶叶流通协会评定为中国茶叶行业百强企业。2008年，戎加升先生荣获中央电视台主办的改革开放三十年“影响中国农村改革的30位中国三农先锋”荣誉称号。2010年，戎加升先生被中国茶协评为中国茶叶行业年度经济人物。他创立的“勐库戎氏”品牌普洱茶，风靡一时。不幸的是，他于2020年3月病逝，但他为云南普洱茶产业发展所做的贡献人们不会忘记。

这次茶会的主办方介绍说，旨在以“天下茶尊　相约冰岛”为主题，通过开展万人冰岛自由采、茶艺比赛、茶叶产业论坛和拍卖会等活动，进一步向来宾展示双江茶文化的魅力。来自湖北省天门市的一位副市长，还在开幕式上向双江县赠送了由著名书法家程少凡老先生所书写的陆羽《茶经》书法长卷一套及五种语言的《茶经》外文译本一套。

开幕式后，来自全国各地的嘉宾受邀，一道前往勐库茶山中的神农祠祭茶祖，缅怀中华民族的重要始祖——炎帝神农氏。

神农祠建在一处山坡上。那天阳光灿烂，山下一条清澈的小溪缓缓流淌，河底的水草与石头都清晰可见。当我们乘车抵达山脚后，就看到当地的少数民族群众穿着各自的民族服装，抬着各种供品，吹吹打打，络绎不绝地向山上走去。

11时许，在中外嘉宾的共同见证下，在鞭炮声和民族吹奏乐声中，人们一起恭敬地向炎帝神农氏三鞠躬。整个祭典活动，包括恭颂祭文，敬献清香与美酒，布朗族茶农代表上前献祭，拉祜族茶农代表献祭，佤族茶农代表献祭，傣族茶农代表献祭等，祭品有牛头、猪头、玉米、南瓜、鲜花等，所有这些都旨在祈愿风调雨顺，国泰民

2016年双江勐库的“祭茶祖”活动

安；盼先祖护千年茶山，百业兴旺；庇佑茶祖故乡，蒸蒸日上。

当天下午，我和大家兴致勃勃地参加了在烈日下进行的“万人冰岛自由采”活动，由勐库镇各村自由组合的20支参赛队伍参加了当天的专业采春茶大赛。

另外给我留下深刻印象的是，在第三届勐库（冰岛）茶会开幕式后第二天上午的勐库大叶种普洱茶拍卖会上，有9件勐库大叶种普洱茶被买家成功竞买，拍卖总金额为297500元。其中双江县勐库镇俸字号古茶有限公司生产的两饼2016年冰岛春茶——“冰岛王了”拍卖出了8万元的价格，成为该场拍卖会的标王。这款“冰岛王子”，据厂家介绍，其鲜叶均选自冰岛老寨核心产区的100棵单株古茶树，经纯手工制作出了100片，每一片都有一个专属编号及一份收购证书。此次拍卖精选了第66号及第88号作为拍品，每饼生茶重达398克。此款产品一出，竞拍者纷纷举牌，几次跳过拍卖师的出价，引来现场观众阵阵惊呼。最终，一位姓殷的先生在全场艳羡的目光中，以8万元的价格拍得两饼“冰岛王子”，折合每公斤价格为10万元。如此天价，令人咋舌。

当云南普洱茶今天价格一路走高、风靡海内外时，你可知道张顺高这个湖北老先生对普洱茶的贡献有多大吗？

近日，我捧读有关云南茶叶发展史料，有幸了解到这样一段历史：

1933年出生的张顺高先生，土家族，系湖北五峰土家族自治县人。这个县也盛产茶叶，曾荣获中国茶叶学会授予的“中国名茶之乡”称号。

应该是从小受家乡茶叶的影响，张顺高在大学里学的就是茶学专业。1960年，他从湖南农学院茶叶专业毕业，由国家统一分配到云南茶叶科学研究所工作，从此将人生最美、最辉煌的岁月都献给了茶叶尤其是云南的茶产业。

是他，于1961年，和刘献荣先生一道前往西双版纳勐海巴达大黑山考察，发现了野生大茶树，并于1963年在湖南《茶叶通讯》上发表考察报告，这是中国首次公布国内发现的树龄最大野生大茶树，被冠以“野生型茶树王”称号。随着张先生等茶学、植物学专家陆陆续续在云南澜沧江畔深山中发现更多的古茶树，才因此证明了云南乃是世界茶树原产地而不是西方学者原来说的印度。

是他，1967年至1974年，受农业部派遣远赴非洲马里援建茶场，并任栽培组长，历尽艰难，让茶叶与中国茶文化在马里生根发芽，受到马里国的表彰。

是他，1980年至1988年，在担任云南省茶科所所长期间，带领全所大力推进云南省茶叶科技研究、推广，积极主动帮助勐海县发展规范化密植速成生态茶园。1983年，张顺高被选为全国少数民族地区先进科技工作者代表并赴首都北京领奖。后调至中国科学院西双版纳热带植物园工作。

还是他，在20世纪80年代初，当面向时任云南省省长（后任云南省委书记）的普朝柱建议云南要大力“发展提高”茶产业，获采纳后，助推云南茶叶种植面积和产量大幅度提高，为今天云南普洱茶产业的腾飞创造了坚实基础！

张顺高先生曾这样回忆20世纪八九十年代西双版纳茶产业的发展：“攸乐山是六大古茶山之一，但是，古茶园日益衰老，西双版纳州委决定开发攸乐山，由常务副州长何贵为首的领导小组，我是组员之一，计划在那里先搞50亩速成高产茶园。要速成高产，必须解决旱季灌水问题，为此，我在昆明找到了水管，从昆明运去时，汽车几度在远离城镇的山上抛锚，以致连续三天三夜没有睡觉，及时将水管运到，解决了抗旱的关键问题。该点茶园以高标准、高质量建成，三年单产两担带动了全乡新茶园的发展，使基诺族建立了砂仁、橡胶、茶叶三大主体种植业的骨干产业。”

今天，每个茶人、茶友都不应忘记张顺高先生等那些早年为云南、为中国茶产业发展做了突出贡献的前辈们。

发自心底的敬奉

那么，基诺人是如何敬茶的呢?

我曾一直想能亲自参加在攸乐茶山举行的祭茶仪式。这个期盼终于在2021年如愿以偿。

5月初的一天，从云南大学尹绍亭教授那里听说，基诺山乡亚诺寨即将在5月18日举办一次“老博啦”敬茶祭茶的传统茶文化活动。稍后，云南省民族学会基诺族研究委员会会长张美琼大姐给我发来了一份红色的电子邀请函。我感到机不可失，安排好手头的其他事情，5月17日下午，与云南省社科院经济研究所副所长韩博先生同机飞赴西双版纳景洪市。

一下飞机，顿感热浪滚滚，气温高达36℃。气象台已经发布了高温橙色预警。

因为我俩住在告庄小镇，距离基诺山的亚诺寨还有约一个小时的车程，而老博啦节中祭茶的时间定在早上8点，所以，我抵达景洪市的当晚，就把手机闹钟设在了次日凌晨5点。

其实，由于晚上没有开空调，天气热，我基本上是半睡半醒。18日一大早，我急忙起床洗漱，准备好相机、水杯等。6点半时，前来接我俩上山的亚诺寨茶农朋友吴应华和另一位从著名茶乡易武镇赶来的茶农朋友李祯便准时把车开到酒店门口。他也是第一次参加基诺族的祭茶活动，同样很是期待。

分别坐上小吴与小李的小汽车，我们便往山里赶。由于天色尚早，路上车辆、行人稀少，所以我们7点多就开到了基诺山乡政府所在地。小吴停下车，给大家每人叫了一碗米线。吃罢米线，我们沿着弯曲的山路继续前行。

很快，就到达了小吴家。他家旁边就是寨子里的蓝球场，今天变成了老博啦节的主会场，但见空中彩带飘舞，村民们个个都穿上了靓丽的基诺族服装，熙熙攘攘，一派节日景象。我注意到，入口处有三四个基诺族女人已经在地上临时生火，架上老式铁壶，用柴火开始烧煮“包烧茶”了。

这已经是我第四次造访亚诺寨了。问明了祭茶是在小吴家房前不远处那片古茶园后，我与韩博、李祯便向茶山走去，沿途见到的每个村民都面带欣喜的微笑。

亚诺寨的海拔比景洪市区高多了，所以没有

今天，基诺族茶农和西双版纳其他地方的茶农一样敬奉孔明

那么热，天很蓝。在龙帕古茶园门口刚拍了几张照片，大约在7点50分，我扭头看见寨子里几位长老按照世代沿袭下来的礼茶习俗，带着一群乡亲们朝茶园走了过来。一些外地来的嘉宾立刻兴奋地追着他们拍照。

8点整，负责祭茶的10位长老来到茶园一棵古茶树前，开始摆放祭茶用品。其他的村民与来宾们则站在山坡下注视着。

龙帕古茶园出产基诺山最好的茶叶，清朝时，攸乐山茶叶是被选作皇室贡茶的，主要以这里的茶叶为代表。这里海拔1100—1400米，森林茂密，古树参天，鸟语花香，具有非常好的自然生态。景洪市政府在此树立了保护牌，标明这个古茶园面积为2988亩，共有9万多株。今年，基诺山的古树春茶平均价格已经达到每公斤1200元。

在一棵粗大的古茶树下，众人献上牛舌头、牛肉、鸡蛋、辣椒、槟榔、美酒等供品，再把消灾驱邪用的“刀累”（一块特殊竹编）挂上树。领祭的叫切木拉，是一个头戴绣有太阳图案、黑色头套的中年男子，代表着寨子里的阿佬佬家族。因为有一位长者年纪大了，行动不便，今天由他来代祭。切木拉先在这棵古茶树四周撒下大米，然后从背后抽出短刀，现场宰杀了一只大公鸡，把鸡血涂抹在树干上，并在树干上粘上一些带血的鸡毛，与在山坡下观望的乡亲们一起用基

祭祀古茶树

诺话高喊着祭辞：

尊敬的父神母神啊！各路尊贵的天神啊！

请保佑您的子民们来年风调雨顺，五谷丰登，把不好的事物全带走，为您的子民们带一些好运来啊！

无疑，这是基诺族人千百年沿袭下来的传统，淳朴地向帮助他们脱贫致富、带来美好生活的茶树、茶叶表示敬意，也祝愿风调雨顺、茶叶丰收、百姓安康。这个祭茶活动持续了大约一刻钟的时间。

随后，一场丰富多彩的茶文化表演活动就正式拉开了帷幕。

球场上，彩旗招展，笑语不断。

凉棚下，方桌上，几位基诺族姑娘和一个小伙子，用新采的茶叶拌上辣椒、大蒜、盐巴等，在一个小木槽中捣制“腊攸”（凉拌茶）。在几个茶台上，热情的基诺人免费冲泡自家茶园的普洱茶招待八方来客。

在昆明上大学、毕业后回乡做茶叶经营的基诺族青年茶农切薇高兴地对我说：“今年我家春茶销售比去年好，用自家古茶树料制作的普洱生茶、古树晒红和白茶基本上都卖完了。”在她家的茶台前，她丈夫吴应华一边招呼大家入座，一边给我倒上一杯他亲手制作的普洱生茶，金黄的茶汤在透明茶盅里闪闪发光，入口后经短暂苦涩很快就变成了回甘，在烈日当头的夏日里送来阵阵清爽。

正当人们三三两两地把盏品茶时，音乐声骤起，由亚诺寨村民小组举办的丰富多彩的茶文化演出活动开始了。

首先，在主持人指挥下，全场各界人士肃立，齐声高唱《没有共产党就没有新中国》，发自肺腑的歌声久久地回荡在亚诺寨上空。

随后，舞台上开演了由亚诺寨和周边几个基诺族山寨村民们自编自演的歌舞节目，还跳起了欢快的大鼓舞。随后，在球场上，顶着炎炎烈日，举行了斗茶比赛。

长期到基诺山研究基诺族的云南大学尹绍亭教授在现场激动地对大家说："老博啦节其实是基诺族感恩的节日，表达对茶、对祖先的感恩，对时代的感恩。的确，没有新中国没有共产党，就没有基诺族。"

这里，我们对比一下临沧双江"祭茶祖"与西双版纳基诺族"祭茶神""祭茶树"的活动，不难发现它们有许多相似或共同的内涵，都是通过举办这样的仪式，来表达对茶祖、对茶叶的敬重及对本民族茶文化的传承。

借鉴云南省其他茶区茶文化活动的经验，

2016年，基诺山乡举办了第二届“攸乐古茶文化节”。古茶文化节紧紧围绕“以茶会友　相约攸乐”主题，以“展示茶历史、繁荣茶文化、打造茶品牌、复兴茶产业”为契机，从祭茶、采茶、制茶、做茶、斗茶等方面，向各地来宾展示了古老的攸乐山茶文化。

在开幕式当天，先举行了祭茶仪式，祈盼茶叶丰收。根据陈瑾发表在《西双版纳报》上的报道看，6月19日“上午8时许，基诺族古朴神圣的祭茶活动在巴亚村委会茶地村民小组的茶园里拉开序幕。只见祭茶师选出一块茶叶生长较为茂盛之地，把草烟、干毛茶、鸡蛋、槟榔树皮、槟榔叶、槟榔果、竹筒酒水、生米等祭品一一摆好。其后，祭茶老人白佳林一边念着祈神的祭词，一边将宰杀的鸡血洒向茶地，并撒下生米，向茶神祈求茶叶丰收。据了解，祭茶是一种古老的祭祀活动，带有原始的宗教色彩，承载着浓厚的社会文化观念，具有丰富的文化内涵。如今，祭茶活动已成为许多茶农日常生活中最重要的一部分”。

令各界人士和当地茶农感到高兴的是，基诺山乡政府抓住这次茶文化节的机会，趁势举办了一场采茶、制茶比赛，还专门聘请了云南省的茶叶专家前来指导，使基诺族茶农得到了现场培训与技艺提高。

当天的基诺山乡大鼓民族文化广场显得格外热闹。全乡7个村委会有50多名基诺族茶农、茶工选手参加了采茶、手工制茶技艺比赛。各村和合作社还选送了14份古树茶、16份生态晒青茶样参加干毛茶评比大赛。在众多茶商、茶客和基诺族群众的见证下，各路参赛的茶农选手个个奋勇争先，使出了浑身解数，认真参加比赛。时任本届古茶节专家审评组长的云南农业大学普洱茶学院副院长、教授周红杰，云南省茶科所副所长、研究员何青云等专家现场对各位选手的表现进行了点评与讲解，甚至还亲自做了茶叶揉捻、杀青技艺的示范。

一位基诺山乡政府负责人表示，举办这样的攸乐古茶文化节，就是要让基诺族茶农们相互交流学习，重视提高茶叶原料品质、茶叶采制技艺水平，促进基诺山普洱茶产业发展。同时，通过开展茶叶质量比赛、茶叶展销、基诺族茶饮食体验等活动，也可以进一步弘扬攸乐古茶文化，让更多的茶叶消费者了解和喜欢基诺山茶叶，不断扩大基诺山茶叶的知名度。

多样的饮茶方式

基诺人不但敬茶，也酷爱吃茶、喝茶，并且“吃喝茶”的方式多种多样。

2020年10月25日下午，我收到了从基诺山快递来的基诺族“包烧茶”茶样。

它是我在亚诺寨的茶农老朋友切薇寄来的，是她母亲沙都用刚采的古树秋茶制成的，烤后由绿变焦黄，可明显看到有的叶子被烤得焦黑了。以前，虽说喝了几十年茶，但我从来没有喝过这样有民族特色的包烧茶。

在中国各地多样的饮茶习俗中，云南西双版纳基诺族的包烧茶是一种很独特的“吃茶”风俗。

查有关资料，其做法是将茶树上的老叶子用芭蕉叶或当地人惯称的一种扫把叶包好，埋入火塘内的炭火灰中烤，约10分钟后取出，晾晒一下，即可用沸水冲泡品饮。不过，切薇提醒我，

就地制作包烧茶

亚诺寨茶农沙都制作的包烧茶

这种包烧茶最好煮着喝，这样才能真正品出其独特的滋味。我没有亲眼见识过怎样制作包烧茶，但当我为此专门用微信请教了一位基诺山寨的茶农朋友后，炭火烘烤的方法得到了认同。

第二天上午写作前，为了亲自体验一下，我将7片较大的包烧茶叶放入壶中煮，煮好后，但见头两泡的茶汤如生普的黄色，再煮几泡，茶汤则变成暗红色，这时新茶的苦涩感全然消失了，颇有几分喝带烟味生普老茶的感觉，对肠胃和神经的刺激性大大减少，不影响晚上睡眠，滋味也很是醇和。尤其是几泡过后，烘烤时产生的烟火味已消失很多，细品之下，回甘中竟隐隐带有丝丝糯米香！

据说，过去包烧茶被视为茶饮中的上品，是基诺人用来招待贵客的。如此说来，还真值得感受一下。

作为普洱茶著名的古六大茶山之一的攸乐山，有专家研究认为，基诺族在此栽培利用茶树的历史已有1700多年，各山寨至今还保留有一些古朴、原始的饮用茶习俗，除了包烧茶，还有“腊攸”。比如在巴飘、巴亚、亚诺等基诺族寨子，从古至今就有吃腊攸的习俗。

这种腊攸，我在基诺山寨的茶农家吃过两次，过去人们一度称之为“凉拌茶”。

但是，我为此向负责组织编写《基诺族大

腊攸

辞典》的云南省民族学会基诺族研究委员会会长张美琼老师专门请教。从小生长在基诺山亚诺寨的她告诉我，“凉拌茶”的叫法不正确，在编写《基诺族大辞典》中这一词条时，她与基诺山的一些基诺族长者讨论过，觉得应该按基诺人传统的称呼，称其“腊攸”为好。由张美琼、资切、泽白三人联合撰写的“腊攸”词条初稿是这样解释的：

腊攸　基诺族特色饮食。是基诺族人民通过茶与各种季节变化食材交融的汤食，可解渴、解疲、解饥……基诺山盛产茶叶，基诺族人习种茶、制茶、吃茶，喜以茶当菜。茶有消炎、助消化、解暑、解毒等功效，故取茶鲜叶，将基诺山四季不同食材放到竹筒中舂碎（多种可食植物或干巴等），用冷水或冷开水浸入事先备好的食材搅拌，佐以辣椒、香八角、香茅草、大芫荽、盐、蒜、姜、麻欠、花生等作为配料调味。根据不同食材做出各种拉博腊攸。主料有：拉博（茶鲜叶），少抠（干巴），乌色（山螃蟹），布芽（竹虫），嘎利啰，乌赤（甜笋），布活沉（蚂蚁蛋）等。也可用炭火烤熟或用芭蕉叶包烧熟、舂碎，采茶鲜叶揉碎，配以香料，加凉开水，即成一道道独具基诺族特色的开胃拉博腊攸帕熟菜。常见有：嘎利啰腊攸帕熟、少抠腊攸帕熟、乌色腊攸帕熟、布活沉腊攸帕熟、布芽腊攸帕熟、乌赤腊攸帕熟等。

简便的腊攸是如何制作的呢？基诺族朋友介绍说，一般是上山劳动休息的时候，就地取材，用自带的砍刀先砍下一节粗大的竹筒，横剖两半做容器，然后从旁边茶树上采几把新鲜的茶叶，用手揉碎后放入竹子容器中，取一点山泉水灌入，加少许随身携带的盐巴、辣椒、大蒜等，搅拌均匀后即可当菜食用。

不过，随着时代的发展，现在腊攸的吃法也有了改进。在招待外来客人时，为了卫生，基诺族人会先用开水把新鲜采摘的茶叶稍烫几秒，然后将茶叶捞入汤盆中，放入食盐、辣椒、大蒜等佐料，拌匀后再请客人品尝。

在我看来，今天更便于外地茶客携带、储藏的是基诺族的竹筒茶。

这种用天然竹筒存储茶叶的方法，实在是生态环保，别具山野特色，也体现了基诺族人的聪明智慧。

记得是2020年10月的一天，我的朋友、基诺山乡新司土村委会总支书记飘布鲁在微信朋友圈里，发了一组展示自己制作基诺族竹筒茶的照片。

他还说明了怎样自制竹筒茶：将青毛茶放入特制的竹筒内，然后在火塘中边烤边捣压，直到

切薇家的竹筒茶

竹筒内的茶叶装满并烤干，就可以剖开竹筒，取出里面的茶叶，用开水冲泡饮用了。

大概是从长期的实践中感受到了新鲜茶叶对肠胃的刺激性较强，不少基诺族人还喜欢饮用老茶。他们把老茶称作“腊卡”。制作老茶的方法并不复杂，有两种：一种是前面说的包烧茶，另一种是炒老茶。

炒老茶是将从茶树上摘下的老叶子放入烧热的铁锅中翻炒，稍焖片刻，待叶片半干甚至部分焦黄后再倒入簸箕中，晾干后装入竹箩中备用。这样的铁锅炒茶，炒好后品饮时通常以煮喝为好，煮过的老茶，汤色深红，微香，没有了苦涩味，口感醇和，而且茶水冷却后滋味不变。所以，基诺族对老茶很是喜爱，特别是在有许多人参加的节庆、婚宴时，往往在火塘上烧一大锅开水，放入早已备好的老茶，烧火煮上十来分钟后便可以盛给客人饮用。

按照基诺族传统，他们喝老茶的茶具也与众不同。一类是盛装茶水的大竹筒，竹筒两端带节，上部削一个斜口，节上留一短枝作提手，并打下一个直径3厘米左右的洞；另一类是饮茶水的小竹筒，也削出一个小斜口，待锅中的老茶煮好后，先用瓢舀茶水倒入大竹筒中，再提着大竹筒给客人面前的小竹筒中注入茶水。

这些吃法、喝法都清楚地表明，基诺族人很

基诺族茶农用柴烧铁锅手工炒春茶

早就善于大规模地采摘、加工、食用茶叶了。而且，他们从长期的生活实践中还一定认识到了茶叶的防病治病作用。

据基诺山的老人说，他们还会把茶叶捣碎放入竹筒中，两头塞紧，在土中埋上一两个月，再取出熬汁，晾晒成块状，这样可做出基诺族风格的茶膏，其颜色如黑炭一般乌亮，内服可以治霍乱、嗝食、伤风、咳嗽，外用可消炎化脓。清朝时，普洱府送到京城的贡茶中就有茶膏。

虽然，今天我们尚未找到古代基诺族人用茶叶治病的文献史料，但有一些清代的史料可作为旁证、辅证。

比如，清代赵学敏《本草纲目拾遗》云："普雨茶，蒸之成团，西蕃市之，最能化物。普洱味苦性刻，解油腻牛羊毒，虚人禁用。苦涩，逐痰下气，利肠通泄。"在其卷六《末部》中又云："普洱茶膏能治百病。如肚胀，受寒，用姜汤发散，出汗即可愈。口破喉颡，受热疼痛，用五分噙口过夜即愈。"

清代张泓《滇南新语》云："滇茶，味近苦，性又极寒，可祛热疾。"

清代王昶《滇行日录》云："普洱茶味沉刻，可疗疾。"

与基诺族共同居住在西双版纳的傣族、布朗族、哈尼族等少数民族，他们也在利用茶叶进行

基诺族在采摘古树茶

防病治病。无疑，各族对当地古已有之的茶叶保健功效，必定会有着大致相同的认知。

当然了，基诺族不仅自己吃茶、喝茶，还早已学会了用攸乐山的好茶与山下平坝地带的傣族、汉族等进行“商品交换”。有这样一首基诺族民歌《汉族阿哥你哪里来》唱道：

高大的汉族阿哥唉，
你们从哪里来？
札磊、札角呵，
我们走呀走过来。
泡核桃和糖果带来了吗？
基诺最好的鲜茶与你换。

茶叶助推景洪发展

寻茶深山中

春芽

中华人民共和国成立以后，云南各地特别是西双版纳各大茶山的茶叶发展得到了各级政府的扶持，今天更加受到高度重视。

进寨问茶农

根据陈红伟、张俊在《普洱茶文化》中记载："20世纪50年代以来，攸乐茶山开始恢复发展，至50年代末期，茶园面积恢复到3000多亩，产量恢复到20多吨。"

当时，国家对茶叶实行的是统购统销政策，不允许私人买卖，管理严格。

加之后来种种原因影响，西双版纳的茶叶生产、销售长期处于停滞状态。

进入20世纪80年代，当时的景洪县才逐渐迎来茶叶产业的大发展时期。到1995年末，整个景洪县的茶叶种植面积达到4.96万亩，茶叶产量为1556吨，产值达到1467万元。

也就是说，当改革开放的春风吹遍了中华大地，西双版纳基诺山的茶叶发展史才再度掀开了新的一页。

那时候，从云南省到西双版纳州都十分重

视茶叶生产，分别出台了《云南省人民政府关于发展茶叶产业的意见》和《西双版纳州人民政府关于发展茶叶产业的实施意见》。到2005年末，包括基诺茶山在内的整个景洪茶区的茶叶面积猛增到13.6万亩，采摘面积达到6.5万亩，产量为3115.4吨，茶叶产值实现7617.1万元，茶叶总产值占全市农业总产值的4.5%。人均茶叶收入为500多元，占山区人均纯收入的35%，种植茶叶开始成为山区农民的致富之路。

为了实地调查基诺山的茶叶生产情况，我多次来到西双版纳。

1997年我第一次来到基诺山的巴坡寨，当时

巴卡老寨一户茶农的新家

接受我采访的是村长切布鲁。记得他当时告诉我，巴坡寨为了脱贫致富，种植橡胶200亩、茶叶100多亩、砂仁300多亩。我还把巴坡寨的发展变化写成一篇通讯，发表在《人民日报》上。如今，当我再次询问巴坡寨茶叶生产情况时，仍然担任村长的切布鲁告诉我："巴坡寨现有茶地2000多亩，古树茶很少，大部分为生态茶。我家去年卖茶收入才四五万左右。"

"什么是生态茶？"我问。

"生态茶是直径5公分以上的茶树。我家有12亩，不施肥不打农药，茶质优良。"切布鲁回答。

实际上，2003年以后，云南普洱茶开始走俏全国市场，茶叶生产才在西双版纳真正大规模地开展。

2020年10月的一天，我打算去实地考察清代攸乐同知遗址，不料突然天降大雨，气温骤降。我们吃罢早饭，刚登车正准备出发前往司土村，忽然接到乡干部电话，说遗址所在地正下着大雨，劝我们不要去了。与我同行的雨林古茶坊庄园客服总监张敏，经常在西双版纳的山林中考察茶叶，经验丰富。他建议，还是应该先到那里的行政村村委会看一看，如果雨下得不大，再继续前行。

于是，我们上路了。景洪城区附近的雨下得并不大，乘坐的丰田越野车沿着弯曲的山路，向山里驶去。沿途车子很少，路边风景很美，一座座山峰被雨后的云雾笼罩。

我们来到了基诺山的司土小寨，见到了茨通茶叶合作社的理事长、50多岁的基诺族汉子布木拉。

本想去看他家的古茶树，无奈雨天山路又烂又滑，车子进不去，只好在半山坡看了几片小树茶，一行人便折返到布木拉家喝茶。

作为寨子里公认的制茶能手，热情的布木拉分别冲泡了自家2020年的春茶和2007年的生茶招待我们，我感觉汤色、口感均好。

抽着烟，头发已经花白的布木拉告诉我们，

布木拉在泡自己加工的普洱茶

他家2006年开始做茶，现有上万棵古茶树。如果属实，这上万棵古茶树可是好大一笔财富，必定升值空间巨大。布木拉说，这些茶树中，老祖宗留下来的有3000多棵，另外，自己前些年又从村里别人那里买了不少，因为当时茶价低，人家嫌路远不好打理，才100元一棵就卖了，现在已经涨到一棵600—800元，一些小茶树当时人家就无偿送他了。

“我们寨子的茶属甜茶，回甘快。”布木拉一边惬意地享受着茶香，一边回答我们的问题。他告诉我，因为茶树多，忙不过来，每年采春茶要雇10多个小工帮忙，每人一天可采古树茶20公斤左右，大约能挣1500元，工钱比勐海那边雇工高。采回家的古树茶全部用手工炒。

茨通茶叶合作社成立于2018年10月20日，现有19户茶农加盟，最少的一户一年光卖茶叶就收入2万多元。布家是整个村委会古茶树最多的。常年待在勐海工作、对当地茶行业比较了解的张敏说，布木拉可能是整个古六大茶山农户中拥有古茶树最多的一个。

现在，他家的古树茶一片生饼（357克）可卖到800块，大约两千四五百元一公斤。2019年，布木拉一家光茶叶收入就在30万元以上，现在住的是三层小楼，汽车、摩托车、手机、电视机、洗衣机等应有尽有，比不少城市人都过得滋润。

茨通茶业专业合作社的牌子就挂在布木拉家门口

我们还闲谈到了用茶叶做菜的问题。布木拉说，基诺人可以用茶叶做出13道菜，但他自己只会做四五道。

通过调查发现，虽然基诺山（攸乐山）失去了当年作为古六大茶山之首的光芒，但也依然在云南主要产茶区和普洱茶市场上占有自己的一席之地。与老班章、易武、冰岛、昔归等云南山头的茶叶被爆炒不同，近几年来，基诺山的茶叶价格一直走势平稳。

而且，基诺山的茶园面积一直在扩大。根据基诺山基诺山乡财政所编制的《基诺山经济手册》，2011年度，全乡年初茶园面积为22962亩；2014年度，全乡年初茶园面积为27764亩，当年干毛茶产量1279.6吨；2015年度，全乡年初茶园面积为27983亩，当年干毛茶产量1372.76吨；2019年度，全乡年初茶园面积为28398亩，当年干毛茶产量达1253.26吨。

毕竟，其地理优势和良好的生态条件摆在那里。

基诺山的茶叶为什么好？这与其优越的自然条件是密不可分的。

先说说这里雨水丰沛，光照充足，昼夜温差大。

有关研究资料显示，西双版纳全州光照资源充足，全年实际日照时数为1900—2200小时，日照百分率高达45%。州内各地历年降雨量在

1138.6—2431.5毫米之间，年平均湿度在80%，最高湿度甚至可达到90%，是中国水量最丰富的地区之一。

老话说："云雾山中出好茶。"霜少，风少，静风多，雾大是西双版纳的又一大气候特点。研究发现，西双版纳年平均的有雾日通常为90—180天，干季有雾的日子可占全年雾天总数的75%—90%，特别是每年的10月至次年的2月，雾最多，甚至连续出现的雾日可长达10天之久。这在很大程度上缓解了旱季降雨量的不足，十分有利于茶叶等植物的生长。

再谈谈常常被许多人忽视的土壤。

2018年底出版的《西双版纳州茶志》在论及"古茶树、古茶园土壤类型及分布"时认为："据2004年西双版纳州古茶树、古茶园普查资料汇总结果显示，古茶园主要分布在全州两县一市的19个乡镇100个村寨中，海拔在760—2600米之间，而面积较大、株植较密的古茶园主要集中分布在海拔1100—1800米内。古茶树、古茶园的土壤包括砖红壤、红壤、赤红壤、黄壤、紫色土及砂壤等几种类型，主要以红壤和砖红壤两种类型为主，占古茶园总面积的70%以上，其次是赤红壤，最少的是砂壤仅占总面积的2%。古茶园土壤呈酸性偏强酸性（pH4.13—5.35），土壤有机质含量较高，最高的达8.99%。茶园中大都土层深

竖立在基诺山的《云南省西双版纳傣族自治州古茶树保护条例》告示牌

蓝天下的基诺族山寨

厚、土壤肥沃，非常适宜茶树的生长。土壤水分含量高，氧、氮、钾、磷等常量元素较丰富，除古六大茶山勐腊莽枝茶山和勐海南糯山古茶园速效氮、磷偏低外，其余古茶园速效氮和速效磷都较高。古茶园土壤的速效钾普遍较低，只有勐腊革登古茶山速效钾较高。”

而基诺山的土壤多为赤红壤和紫色土，pH值在4—5.7之间，表土含有丰富的有机质，为出好茶打下了天然基础。

历史上，这里曾经是古六大茶山之首，又一度作为给朝廷上贡茶的地方，“号”级茶大都出自该区域。时至今日，基诺山的茶叶仍然占有一席之地。

2008年，普洱茶行业的龙头老大——大益公司勐海茶厂推出了一款新品生普“天上攸乐”，出厂价当时在1万元左右。

据厂方确认，“天上攸乐”是号级衣钵的继承者，一共就生产了300多件。因为这款产品质量高、数量少，当时多数都被酷爱普洱茶的广东东莞茶叶大佬分配收藏，只有极少部分通过零售流入了市场。《大益茶典》上将此茶描述为：精心研制而成，色香味俱臻佳境，高贵典雅，堪称普洱神品。有专业的评茶人员认为，大益公司产的这款“天上攸乐”坚韧力重、香气突出、苦涩相当、回甘非常快、气韵突出、尾水冰糖甜、叶底肥大。

有意思的是，2016年，在西双版纳，勐海宝和祥茶业有限公司也推出了一款同名的“天上攸乐”普洱熟茶，采用了离地、多层次、多周期发酵，再经过自然醇化，形成活力厚韵的独特风格，得到了茶友们的喜爱。厂家介绍这款茶的特点是：汤色红浓透亮，金圈彰显；滋味甘润；香气馥郁，融合了坚果香、果香、陈香，独具魅力；韵味丰厚，有层次感，活力厚韵，品藏皆宜。

一位网名为“道法自然”的茶友取9克，用烧开的农夫山泉水冲泡品饮后，这样评价这款“天上攸乐”普洱熟茶：条索匀整、粗壮，色泽红褐，花果香、陈香馥郁，发酵适度，拼配有道！

这位有心的茶友还详细记录了整个冲泡过程的感受：第1—4泡，快进快出，约3秒出汤；第5—9泡，8—10秒出汤；第10泡之后，15秒出汤；首段，汤色红浓透亮，醇厚，顺滑，微苦，陈香明显，几无堆味；中段，汤色红艳明亮，饱满，甜润，花果香馥郁，层次感明显，芳香回甘；末段，汤色仍显橙红透亮，甜润，爽口，香韵悠长，经久耐泡。叶底，芽叶部分为红褐色，鲜活，油亮，柔软。梗部多为黑褐色，细长较硬。

说来也巧，2020年的10月21日下午，我正在写作本书时，忽然碰到了一个问题。

于是我想起了“宝和祥”的创始人、普洱茶

行业国家标准的起草人之一李文华先生。

通过微信，我向他请教。问题是：2008年大益公司勐海茶厂出产的“天上攸乐”品牌普洱生茶，是不是他策划生产的？没想到，李文华先生看到这个问题后，马上给我打来了微信电话。于是我们两个就交流起来。

李文华先生告诉我，当时他正在大益公司做生产研发的管理，这款“天上攸乐”普洱生茶正是他策划的，因为当时考虑到了攸乐山的茶在历史上是很有知名度、特点也是很突出的。

当我问到2016年他创立的勐海宝和祥公司也推出了一款“天上攸乐”普洱熟茶时，李文华先生告诉我，那款熟茶当时的出厂价大概是200块钱一片。我问他现在涨到了多少，他说：“哦，这个就不清楚了。”后来，我查了淘宝网上的价格：一片“天上攸乐”熟茶卖价为880块钱。

李文华先生还告诉我，与其他山头的茶比较起来，攸乐山的茶还是亚诺寨的最好。它的特点是浓度和厚度相对比较柔和。我问他是否属于甜茶，他讲可以这样说。当我问到未来攸乐山的茶是否会有升值空间时？李文华先生笑言：“应该会有的。下一步或许我们也还会考虑再做攸乐山的茶。现在公司每年也都在收购攸乐山的茶。”

为了进一步了解攸乐山茶叶的真实现状，我继续着自己的基诺山寻茶之旅。

茶胶之争

2020年金秋十月的一天下午，基诺山的阳光依然火辣，汽车在大山里边绕来绕去，不过风景很美。遥望着远处的群山峻岭，我更感到基诺族能从大山中走出来是多么的不易。在一山拐弯处，我们停下来拍照。与我们同行的基诺山乡政府的两位女同志指着远处的一座山峰告诉我们，那就是基诺族传说中的“孔明山”。

我们又绕到山下。在一个路口，遇到了前来迎接我们的州扶贫工作队干部李春华。他带我们去看普希老寨由上海松江区援建的猪圈和橡胶水存储室。

普希老寨的主要收入来源不是茶叶，而是橡胶。家家户户几乎都在种橡胶，过去橡胶水就存放在家里，所以整个家里边都弄得臭烘烘的，特别是天气热的时候，更是恶臭熏人。

在松江区的帮助下，他们把存放橡胶水的地

方挪到了村口，盖了个简易棚子。此外，松江区还帮助他们建起了一个养猪场，准备将它交给寨子里边的养猪能手来养猪，以便增加村集体的经济收入来源。目前这个养猪场还空无一猪。因为正在寻找养猪能手，据说有外寨子的人有意向来承包。

看完猪圈，我们就扭头往山上走。走到半山腰，碰到了寨子里边的养蜂能手——基诺族小伙子阿大。他今年36岁。他带我去到他的养蜂蜂箱

养蜂能手阿大

处，看他养的蜜蜂。

随后，阿大邀请我们到他的新家屋檐下坐坐，还让人把他家的蜂蜜调制成蜂蜜水招待大家。闲谈中，阿大说，这里的茶树多半是与橡胶林套种，茶叶品质自然比不上那些不种橡胶的山寨，主要是自己家里喝，没有茶商来收购，茶也只占收入的很少一点，大头靠橡胶与养蜜蜂。

离开普希老寨，行驶途中，我又看到了一片片的橡胶。

第二天一早，张敏驾着车，拉着我和乡政府派来当向导的基诺族姑娘张娜，一同冒雨赶往回

秋天的回鲁寨

鲁寨。

途中，我们的丰田越野车穿过了几个基诺山寨，也几次从大片的橡胶林中穿过。

通往司土村委会回鲁寨的道路非常狭窄。如果对头来车的话，很难错开，弯道又特别多，所幸没有遇到其他车辆。由于下雨，我们的车开得很慢。直到临近11时许，才抵达了深山里的回鲁寨。

人民银行西双版纳州支行的驻村扶贫干部队长杨红忠，事先知道我们要来，便在村口等候，寒暄几句，就直接带我们来到了村民小组长泽包的家，路上碰到了几个收胶回来的村民。

泽包大约三四十岁的样子，个子不高，一家人住的是一栋新盖不久的两层小楼，楼上住人，楼下没有围墙遮挡，四面通风，进口处摆放了一个木制茶台和几个小板凳，宽敞的地面上靠边停放着一辆小汽车和一台摩托车，堆了许多杂物，一只老母鸡“咯咯”叫着，带着一群小鸡跑来跑去，一角落处还有猪圈，难闻的橡胶水味一直弥漫在空气里。

烧好水、泡上茶，泽包告诉我们，他媳妇一大早就上山割胶去了，只有父母和他在家。

喝着热茶，刚才有些晕车的我感觉好了一些，于是便问起茶与橡胶的事。泽包回答说，他家从1995年开始种橡胶，现有3000棵橡胶树，不过今年胶价不好。原本他今天也是要去割胶的，但因为乡里通知他在家等我们，所以没去。

“寨子里还有没有茶树？”我问。他笑笑说：“回鲁寨现在也没有什么古茶树，只是在橡胶林里套种了一点小茶树，主要是自己家喝，没什么人买。”

杨红忠又带我们来到村会计家里。在他家，我偶然发现会计媳妇正在房檐下晾晒新采的茶叶。这个女人看到我要拍照，便端起盛着秋茶的、圆圆的小簸箕让我拍。一旁的村会计说，这点胶林里套种的茶也是留着自己喝的。

中午，我们在泽包家简单吃了一顿基诺族风味饭，没有休息就驱车驶往其他山寨，途中还能看到橡胶林。

望着车窗外的橡胶林，我想起20世纪90年代自己第一次来到西双版纳看到橡胶林时的情景，那时还很有些激动。再后来，见得多了也就习以为常了。但是近几年，每当我来西双版纳再看到一片片橡胶林时，心里总有一种异样的感觉。

其实，基诺山的茶叶发展，并非一帆风顺，而是遭遇了橡胶的严重挑战。那时，由于西双版纳州实行了“南胶北茶”的发展战略，由于市场上橡胶价格走高，远远高于茶叶，不少版纳人脑子里想的都是如何扩大橡胶种植。

橡胶树虽然可在热带雨林里种植，但并不原

展示回鲁寨的茶叶

密植的橡胶树

产于我国西双版纳的热带雨林。在世人认识它之前，橡胶树生长在南美洲亚马孙的密林深处，只要砍开一个缺口，就会有乳白色的汁水从树干中流出来，在印第安人语言中它被称作“会哭的树”。

那橡胶树是如何来到中国西双版纳的呢?

从文献记载中了解到，西双版纳的橡胶种植最早应是自旅居泰国的华人钱仿周开始的。

1938年冬，在泰国经营橡胶园多年的钱仿周，只身前往西双版纳车里县（今景洪），在对橄榄坝地区详细考察后得出结论：澜沧江畔的景洪是块理想的橡胶种植地。

1947年钱仿周派人带1000株橡胶苗，装在木箱里运到橄榄坝种植。1948年4月，钱仿周来到橄榄坝考察试种结果，看到橡胶苗长势很好，回泰国后遂组建了“暹华树胶垦殖股份有限公司”，从此拉开了西双版纳种植橡胶的序幕。

中华人民共和国成立之初，以美国为首的西方资本主义国家采取了敌视社会主义中国的政策，对中国进行封锁，1950年还发动了侵略朝鲜的战争，把战火烧到了鸭绿江边，中国被迫保家卫国、抗美援朝，与美国为首的联合国军展开血战。

那时，对原本不产橡胶的中国而言，无论对百废待兴的经济建设还是国防急需，橡胶作为十分重要的战略物资，成了当时国家最紧缺的战略资源之一。为此，中国政府调集了大批人力物力在海南发展橡胶种植，同时也对云南省的西双版纳、红河、德宏等地进行实地勘察。

1953年初，国家组织专家来景洪进行橡胶可行性考察，同年9月正式成立特种林木试验场和橄榄坝分场。1956年，为打破外国对橡胶的封锁，有关部门组织了大批科技工作者、复员退伍军人和支边青年前往西双版纳的景洪，组建国有农场，发展橡胶生产。

1955年春天，就在暹华树胶园的胶苗种下的第七个年头，有人试割了12棵橡胶树，再把胶乳加工成胶片送到广东、上海等地科研机构检验，证明质量合格达标。

幸好有了钱仿周等爱国华侨的前期试验，1957年1月28日，国营橄榄坝垦殖场正式成立。创业者们在大片的原始森林里披荆斩棘，开辟出一个个新的橡胶园。植物学家也加紧研究，培植出了适应较高纬度的橡胶树种。1963年，在国家和农场的帮助下，西双版纳的各族农民开始试种橡胶。从此，西双版纳出现了一片片又高又密的橡胶树。

到了2007年，西双版纳已拥有10个大国有农场，其中有9个是植胶农场，橡胶种植面积150余万亩，农场职工达14.97万人。西双版纳已发展成为中国的第二大橡胶基地。

许多基诺族山寨也跟随着种起了橡胶。因为在那个时候，茶叶价格非常低廉，几毛钱到几块钱一斤，远远抵不上橡胶的价格。

西双版纳橡胶种植面积飞速发展，导致生态环境急剧改变。西双版纳原本完整的热带雨林生态系统遭到了破坏，温度升高，雾日大幅减少，很多村寨出现了地下水位降低、泉水断流的情况。

万幸的是，近几年来，由于普洱茶价格连续走高，特别是同处于西双版纳的布朗山老班章、易武刮风寨、景洪南糯山等山头茶价的暴涨，整个西双版纳的茶农都看到了普洱茶的赚钱效应，又有不少人从种橡胶开始转回了茶叶种植。

再访亚诺寨

2020年10月14日9点半，沿着蜿蜒曲折的山路，我乘车到达了基诺山乡新司土村亚诺寨。

秋阳如火，就在北国已经飘雪时，这里的气温仍然高达30℃。

“欢迎，欢迎！”个子不高但很壮实的新司土村党总支书记飘布鲁和妻子玉梅站在家门口，热情迎接我们的到来。

这已经是我第三次走进亚诺寨了。第一次来亚诺寨，还是我的朋友郑晓云教授带的路。

20世纪80年代中期开始在亚诺寨长期蹲点搞民族调查的郑晓云教授，后来写作出版了一本研究专著《最后的长房——基诺族父系大家庭与文化变迁》（云南人民出版社，2008年版）。关于亚诺寨的茶，我曾专门向他请教过当年的情况。

他回忆说：

每年春季开始采摘。摘茶叶是妇女的专责，每天妇女都要去摘茶叶，就是从地里收工回来，也要去摘茶叶。

每年春天茶叶开摘季节，汉族商人们便赶着马帮，驮来铜锅、针、盐、药品、布料、钢料等，与龙帕人交易茶叶。历史上，一担茶叶可以换四十斤盐，或七个半开，或一条小牛。四斤茶叶换一斤粗铁料，一根针换五斤茶叶，五十斤茶叶可换一套汉族衣服。过去亚诺寨成年男子一般都要用茶叶换一套汉族衣服，过年时穿。傣族农民带来土布、水果、草烟、鱼干等与龙帕人易货。交易价值由双方商定。傣族农民与亚诺寨人交易中，最有分量的或换一头大水牛，或换十担茶叶。妇女穿的围裙每条换二十斤茶叶。

民主改革以后，国家在基诺山设立了茶叶收购站，在亚诺寨还专门设有一个收购茶叶点。在20世纪90年代以前，原则上村民们的茶叶只能出售给国家，这也是村民们最主要的现金来源。茶叶的种植收益比较稳定，尽管每公斤毛茶只能卖七八元，但是村民仍然将它看作是一项稳定的经济收入，一直都在经营。

茶叶交换给亚诺寨带来了深远的影响，它刺激了私有经济的发展。尤其是铁工具的传入，不但增强了人们征服自然的能力，也增强了个体劳动者的劳动能力，加快了个体劳动者从集体中分

亚诺寨的寨门

化出来的进程，成为大长房这一血缘集体趋于解体的重要原因之一。

亚诺寨，又称龙帕寨，属于热带雨林山区，位于基诺山乡北边，距乡政府较近，面积1.32平方公里，现有120户410人。在这里，大片的原始森林保存完好。

去基诺山实地考察过的陈红伟、张俊在其《普洱茶文化》一书中认为："基诺山最大一片古茶园保存在亚诺村。亚诺村后山是一片茂密的大森林，海拔在1200—1500米之间，在高大的乔木下面，隐藏着一片片古老的茶林，共有1800多亩。古茶树基部围粗大多数在0.4—1米之间，树高大多数在2米左右，主要属于普洱茶种，树龄大部分在200—300年。"

基诺山坐落在景洪市东北部，多原始森林，地处无量山脉南沿的山区地带，属于亚热带边缘山区，高原季风气候，海拔575—1691米，年平均气温18℃—20℃，年平均降雨量为1400毫米。

位于巴坡的基诺族博物馆里关于攸乐茶山这样介绍说：龙帕古茶园为大面积混杂林茶园，总面积约1800多亩。古茶树树势苍老，树龄在300年以上。此茶香气高扬，口感苦涩度稍高，回甘快而持久，茶性较烈。

史籍记载，清末，攸乐古茶园面积有1万亩左

古茶树上密布着青苔

右，也曾是清朝的皇家贡茶。

但是，这些茶叶只是清朝统治者剥削压榨基诺族人的一个工具，那时并没有改变基诺山的贫穷面貌。

是中国共产党的领导才给基诺族带来了幸福生活。在党和各级政府的领导及帮助扶持下，基诺山如今发生了翻天覆地的变化。

虽然，亚诺寨的茶叶生产并非是一帆风顺，但并没有受到橡胶种植的困扰。在我向尹绍亭教授请教时，他特意这样提醒我："请注意，版纳橡胶科学种植划定在海拔800米以下，以上不适合种植，基诺山只有海拔800米以下的寨子才能种橡胶。其他一直种茶，还有砂仁、水果等。亚诺海拔1600米，不适合种橡胶，没有橡胶问题。茶叶在亚诺的复兴不是橡胶问题，主要得益于改革开放、市场经济。"

尹教授还说："今昔对比，令人感慨。同样是普洱茶，同样是百年千年的古树茶，昔日政策跑偏，多方打压，可以让它们憋在深山，自生自灭，一文不值；思想一旦解放，改革开放，政策改变，各方大力扶持，短短数年普洱茶即无人不知无人不晓，老树成神，叶子成金！"

那天，追随着飘布鲁的脚步，我们来到了亚诺寨半山坡上的一处茶园。

"瞧，这些都是我们的古茶树。"飘布鲁边

走边告诉我们，在基诺山，茶叶又多又好的就数亚诺寨。

但见，参天大树下，鸟语花香中，生长着一棵棵高矮不一、树龄不等的大茶树。虽然已是深秋，但今年遭遇了春旱的基诺山，下半年后雨水丰沛，所以秋茶长势反而比春茶好，绿油油的茶叶条索很是肥大。飘布鲁、玉梅、吴应华以及大学毕业后回乡当茶农的基诺青年木腊资、切薇等，一起爬高下低，采起了秋茶，不时发出阵阵欢声笑语。

那天中午，我们在老朋友切薇家又品尝了一顿基诺族风味的饭菜。我每到亚诺寨，都会被热情的切薇留下吃她家的午饭。

这是一座建于10多年前的两层小洋楼，楼下停放着她家的两辆小汽车。被经年累月的阳光晒黑了脸庞的切薇今年37岁，郑晓云教授看着她从襁褓里的婴儿长大成人。

2006年，她从位于省城昆明的云南交通职业技术学院毕业回乡创业，从事普洱茶的加工、销售，现已经是一个孩子的母亲，成为家里年轻的女主人。

切薇一家四口人，她，丈夫吴应华，儿子，还有老母亲。如今，她家里的生活条件已经完全现代化了，电视机、洗衣机等早不在话下，家人用的都是4G智能手机，与山外大城市的移动互联

采茶的飘布鲁

基诺族农家饭

网是同步的。

她家大约有40亩茶地，茶树大大小小也有2000棵。每年春茶季一个多月的时间里最忙最累，从采茶、炒茶到晾晒、压饼等，忙得不亦乐乎，那时她和丈夫每天要工作18—19个小时，早上六点起床，一直到晚上十一二点，有些时候甚至要干到凌晨一两点。2018年，切薇一家靠卖自家古树茶叶制作的普洱茶挣了30多万元，2019年因为减产，卖茶的收入也减少了一些，2020年赶上新冠肺炎疫情暴发，不过还好，她家还有往年储存的普洱老茶可以卖，并不会对生活有太大影响。

应我的要求，这次切薇专门做了两道茶菜，就是用茶叶做的菜，一个是腊攸，一个是鸡蛋炒茶叶。腊攸这道菜因为已把茶叶捣得太碎，所以用勺舀时，基本上看不出茶叶来。我边吃边问放不放醋，他们都笑了，说这道菜是不能放醋的。我还以为是像北方凉拌菜那样都可以放醋的。

饭后，我们稍事休息，喝了几口茶，就告别切薇他们，往洛特村赶去。

记得在1999年11月，国家民委和国务院扶贫办有关领导到基诺山乡调研，将基诺山乡列为扶贫综合开发示范乡。2000年4月，云南省政府在景洪召开现场办公会，确定对基诺山乡进行整体扶持，列入当地“两山”扶贫综合开发项目。同时，基诺山乡又被国家民委列为全国22个人口较少民族扶贫综合开发试点。

近几年来，在云南省大力发展茶产业、通过普洱茶帮助少数民族脱贫致富的政策引导下，亚诺寨抓住机遇，依托自身的丰富古茶树资源优势，大力推进生态茶产业发展，探索以行政村为主、自然村为成员的合作社发展模式，做优茶叶产业，全面提升茶叶品质，通过多种渠道与外地客商搭建了合作桥梁，外引内联，进行产业化发展。

目前，基诺山乡茶叶生产面积和产量较多的村寨主要有：新司土、巴亚、司土、巴来、洛特、巴卡、茄玛。当然，如今基诺山茶叶被公认最好的还是在新司土村委会的亚诺寨。

而且早在2006年，基诺山乡就举办了第一届古茶文化节，当时是2月6日，与基诺族传统节日“特懋克”一起举办的。

据了解，目前整个基诺山乡种植茶叶的有38个村民小组，茶农达到1820户。全乡共有茶叶面积28398亩，采摘面积28398亩，产量1322.09吨，产值4362.89万元。

那天，我也见到了老村支书沙腰，他还是村茶叶协会的会长，对亚诺寨的情况了如指掌。

他告诉我，亚诺寨的人依靠种茶、制茶、卖茶，茶农年收入在三四十万元以上早已经不是什

朝阳下晾晒的春茶

么新鲜事，现在家家户户都买了小汽车，住上了两层小楼，手机、电视机也都普及了。到2018年底，全村就实现经济总收入599.87万元，农民人均纯收入11853元。到2019年，亚诺寨的茶叶销售总收入为842万元，人均收入已高达2万元，成功地走出了一条农村经济“一村一品”发展和稳步增收的路子。

时任基诺山乡党委书记的王超对我说，为了以茶兴业、以茶富民，乡里坚持生态产业化、产业生态化，不等不靠，自主“造血”能力不断增强，7个行政村中，原有贫困行政村4个，于2018年底全部脱贫出列；建档立卡贫困户191户638

基诺族新居

人，于2019年11月全部脱贫出列。现在要做的就是要巩固来之不易的脱贫成果，让基诺族人的日子越来越好。

今天，透过基诺山乡、亚诺寨的发展历程，人们能清楚地看到，古老而又常长常新的茶叶，给这个基诺族山寨带来了多么大的变化。

听，从密林深处传来这样一阵歌声：

请端起你们手上的竹碗，
让我们开怀畅饮祝愿：
愿我们基诺人的路子，
像傣家坝子那样又平又稳；
愿我们基诺人的生活，
像杰波花那样鲜艳火红。

基诺族古歌《三鲊》中扎角寨主人往昔新年祝酒时的梦想，如今早已变成了现实！

心灵之茶问

矗立在著名普洱茶乡勐海县的茶马古道碑

斗转星移，时光荏苒。

当人类历史前进到2020年的时候，基诺山乡的变化实实在在称得上是“翻天覆地”。

而促成这种深刻变化的，除了政治、经济、文化等社会多方面的原因外，茶叶扮演了一个特殊而重要的角色。

其实，从中国历史文献和今天专家学者的研究就已证明，还在古代，产自于中国西双版纳包括攸乐山等地的茶叶，便沿着南方丝绸之路，沿着茶马古道，开始了向世界各地的传播。这些传播到世界各地的茶叶，在许多地区、许多国家逐渐引发了一连串的连锁反应，产生了各种各样的变化。

英国著名人类学家、剑桥终身院士麦克法兰教授在其《绿色黄金：茶叶帝国》一书中论述茶叶对于推进英国工业化进程影响时曾经这样说：“如果没有茶，就不可能有大英帝国和英国的工业化。如果没有源源不断的茶叶供应，英国企业的发展就难以维持。……茶叶在推动工业、城市和人口增长方面对帝国产生了连锁效应，反过来又为本土的工业化提供了糖、茶、橡胶和其他商品”，而且，人们的“观念和传统慢慢地在冒着热气的透明液体中得到净化”。

那么，继承了先辈传统的今日中国基诺人，他们是如何看待茶叶和那些改变了自己人生命运的变化呢?

我尝试着向他们——那些我认识的基诺族朋友，提出了许多相关问题，于是便有了这样一些发自心灵深处的对话。

茶农如是言

先看看我与基诺山乡新司土村委会党总支书记飘布鲁的对话：

开心的飘布鲁与妻子玉梅

问：你家现有几口人？多少茶树？其中，古茶树有多少？

答：我家现有三人，我、妻子、儿子，家里有50多亩茶地，其中大树茶18亩1000多棵。

问：有人说你妻子玉梅是傣族，是吗？她是哪个寨子的？你俩今年多大岁数？

答：不是傣族，是基诺族，巴来村委会巴来小寨村民小组的，今年40岁。

问：亚诺寨里，除了切薇的丈夫吴应华是外地汉族上门的，还有其他哪几个地方的汉族小伙上门与亚诺寨基诺姑娘结婚的？

答：还有八九个。省内的有墨江、景东、景谷、临沧，还有四川、广东的汉族。

问：近几年，平均每年卖茶收入大约在多少万？

答：近几年来，平均每年卖茶的收入大概有20万元。

问：小时候，家里的茶叶是交公家还是卖到橄榄坝？当时一斤茶叶大约多少钱？

答：小时候，我会记事以来，茶叶都卖到乡上的外贸站（公司），那时都是按质论价，茶叶一般分为1—10级，1级茶每公斤2元，2、3级更便宜。

问：家里现在做的茶叶主要是生普还是白茶、红茶？

答：到目前，家里做的茶叶主要是生普、红茶、白茶。

问：自家的茶叶主要卖到广东、福建还是哪里？

答：自家的茶叶主要卖到广东、福建、西藏、北京等。

问：知道基诺族的英雄操腰吗？听谁说的？

答：基诺族的英雄操腰的事迹，以前听爷爷讲过，但知道的不是太多。听说1941—1943年，由于无法承受国民党政府的各种差役赋税，在操腰的领导下，联合瑶族、哈尼族、布朗族、汉族等民族发动了武装起义，最终迫使云南省地方政府把车里县县长（王字鹅）撤职查办，三年内未在基诺山征税。

问：你认为攸乐山（亚诺寨）茶叶好在哪里？与布朗山、南糯山、易武的茶比，主要有啥特点？

答：攸乐大树茶，也属云南大叶茶种，树龄一般都在300年以上。攸乐茶茶青色泽较深，舌面苦涩感比易武的要稍高。易武老树茶是标准的大叶种茶，做出来的茶条索黑亮，较长，苦涩较轻，香气较好，汤质较滑厚，回甘较好；布朗山的茶，香气比较充实，茶汁滑度高，茶气霸道，入口苦但回甘比攸乐山茶迅速，生津持久绵长与攸乐山茶相似；南糯山茶，芽毫比攸乐山的粗壮，做出来条索粗壮，叶肥壮而多茸毛，茶汤金黄色基本相似攸乐山的，微苦无涩，耐泡次数与攸乐山的不分上下。

带雨珠的攸乐山茶叶

与从普洱市来到亚诺寨结婚定居的汉族女婿吴应华的对话：

在树上采茶的吴应华

问：你在与切薇认识前喝普洱茶吗？听说过基诺族吗？

答：喝过普洱茶，之前我们老家也有普洱茶，但没有听说过基诺族。

问：作为一个汉族人，与基诺族人结婚，当时思想有无顾虑，父母同意吗？

答：找着真爱，没有顾虑，父母都同意。

问：在与切薇认识结婚前在景洪做什么工作？

答：之前开小工程车，后来又开过铲车。

问：现在的采茶做茶手艺是跟谁学的？

答：一开始采茶都不会，慢慢学，慢慢也就会采了。做茶的工艺太难，看看老人炒，茶商也有指点，主要靠自己慢慢琢磨，经过一年多的磨炼，也就会做生普啦！但不标准，炒茶锅不断地在改革。现在也有十余年的做茶功底了，也可以算师傅了，但不能骄傲！还得继续学习。

问：定居生活在亚诺，做茶卖茶，给你的人生带来哪些重要改变？是不是比不做茶时好很多了？

答：从一无所有到现在有车有房。比以前打工好多了。

问：知道基诺族的英雄操腰吗？听谁说的？

答：我不知道，但听老岳母说，巴卡寨有操腰这样的英雄人物。

问：你认为攸乐山（亚诺寨）茶叶好在哪里？与布朗山、南糯山、易武的茶比，主要有啥特点？

答：茶叶好在有兰香、蜜香、花香，柔和，甜。它们几个山头茶比我们攸乐山（亚诺寨）贵，主要是我们的茶性价比高。

问：还有外省哪里的汉族小伙来亚诺寨与基诺族姑娘结婚、做茶？他们过得好吗？

答：外省来的有好几个，因为他们的茶叶地多，过得都好。

问：每年做茶最苦最累的时候是采春茶吗？

答：基本是的，但不过也要看，看看外来的茶商会不会在，夏茶或者秋茶定制茶叶，如果茶商定的量大点也是累。早上7点左右采到中午12点左右，就吃中午饭，下午1点采到下午5点就回家。

问：一般雇几个小工？每个小工采一斤茶要付多少钱？

答：一天平均雇10个小工，为了保证质量，我们一般是雇钟点工的，因为我家的茶放养难采，小工不会称斤的，只能要钟点工。中午也要炒点肉给采茶工吃，主人也会跟采茶工一起吃，还要拿一瓶饮料给采茶工喝，这样算下来也到130元左右一天啦！一个春茶算下来差不多要发2万元左右的工资。寨子里面是按10元一公斤称给采茶工的，有些也会找钟点工采。

问：采春茶那时候几点起床上山？

答：我们早上6点左右起床，老岳母要早些，她要给我们煮饭，我们吃吃早点就出发。

问：中午带饭在茶地吃吗？

答：是的，基本在茶地吃，一般不回家吃。

问：采春茶时，晚上一般要炒到几点？

答：主要看茶叶多少，我提前回家，大概下午2点半开始炒，切薇大概下午4点半开始炒。有的时候还要雇炒茶工，一般晚上11点半左右才结束，甚至会到凌晨1点左右。所以说我们做茶太辛苦啦！这么好的茶就这样便宜卖了，我们只是大自然的搬运工。

与从云南交通职业技术学院毕业回乡当茶农的切薇对话：

正在采茶的大学生茶农切薇

问：你是哪一年从哪所大学毕业回家做茶的？

答：2006年毕业回家，刚毕业回家时还没开始做茶。

问：第一年做茶时，懂茶吗？主要遇到了什么困难？

答：2007年第一次跟着二舅去了易武，开始有了学做茶的念头，当时懂的只是采茶。

问：采茶、炒茶手艺是跟谁学的？

答：可能从小在茶山长大的缘故，会采茶是与生俱来的，起初炒茶是跟着妈妈和舅妈边看边做边学的。

问：你妈妈的采茶、炒茶手艺怎么样？

答：妈妈现在采茶还是不亚于我。现在只是年纪大了，不让她炒了。

问：哪一年认识了小吴？哪年结婚的？

答：2008年认识小吴，2009年结婚。

问：基诺族对于与外族人通婚有没有反对？

答：以前很不清楚，但现在都不反对。

问：这些年，茶叶收入对你和你家的生活有了怎样的改变？对你的思想观念（比如人生观）有了什么改变？

答：茶叶收入提高、改善了生活质量，过上了有车有房、衣食无忧的小康生活，做人做事要诚信第一。

问：与汉族人小吴结婚有什么好处？

答：思维比较一致，沟通起来容易些。

问：从你小时候记事起，家里长辈们就在做茶叶吗？

答：打我会记事时，外公顿顿要喝茶，没见过爸爸炒茶，但会和爸爸一起去采茶。

问：小时候，家里的茶叶是交公家还是卖到橄榄坝？当时一斤茶叶大约多少钱？

答：记得20世纪80年代末90年代初，家里的茶叶是卖给设在寨子里面的外贸站的，听妈妈回忆说当时的干毛茶差不多一公斤几块钱吧。

问：知道基诺族的英雄操腰吗？听谁说的？崇敬他吗？

答：似乎听老一辈说起过，但可能从小就在外读书的原因，对他不是很了解。

问：你认为攸乐山（亚诺寨）茶叶好在哪里？与布朗山、南糯山、易武的茶比，主要有啥特点？

答：攸乐茶花蜜香好，茶汤柔和，和其他山头没有办法比较。山头不一样，土壤不一样，海拔不一样，气候不一样。

与从云南省体育学院毕业回乡做茶的大学生木腊资的对话：

大学生茶农木腊资

问：你家现有几口人？多少茶树？其中，古茶树有多少？

答：我家有四口人，茶树总的有上千棵，其中古茶树300棵左右。

问：近几年，平均每年卖茶收入大约在多少万？

答：15万元左右。

问：你哪年出生？

答：我是1992年的。

问：从你小时候记事起，家里长辈们就在做茶叶吗？

答：我记事时爷爷不在了，那时候还在农耕，只有奶奶、妈妈采茶卖鲜叶，也会自己炒干。

问：小时候，家里的茶叶是交公家还是卖到橄榄坝？当时一斤茶叶大约多少钱？

答：鲜叶价大概在1—2元，当时我记事就是卖鲜叶多，干毛茶外面的人会来买。

问：哪一年大学毕业回家？当时为什么没想留在昆明或去外省大城市找工作？

答：2015年毕业，毕业后先在景洪市上过两年班，从事体育教育这类工作。那时候我看到家人忙的时候要忙到凌晨两三点，家里需要我，家乡也需要我们年轻人去开发利用，觉得回家好好跟长辈们学习做茶，传承基诺族的茶文化，然后就回家咯！

问：结婚了吗？

答：目前没有结婚呢！

问：以你的感受看，做茶给你家生活带来了什么改变（比如盖了几层楼、买了几辆汽车、手机等）？

答：带来了翻天覆地的变化。以前我们没做茶、茶叶价格不好的时候，住的是破平房，雨天到处漏水，上学时候也是艰苦得很；做茶后，先盖起了房子，家电该有的差不多都有了，手机买的也都是比较好的，也买上了车子，平常吃饭的菜也比较多，想吃什么都可以买得到！这就是茶叶带给我们的幸福生活！

问：家里现在做的茶叶主要是生普还是白茶、红茶?

答：现在有做生普，以红茶、白茶为主。

问：自家的茶叶主要卖到广东、福建还是哪里?

答：现在大部分是北京、广东、河北等地。

问：知道基诺族的英雄操腰吗？听谁说的?

答：这个英雄我没有听说过!

问：你认为攸乐山（亚诺寨）茶叶好在哪里？与布朗山、南糯山、易武的茶比，主要有啥特点?

答：亚诺的茶清澈透亮，香气高扬，舌面苦涩度稍高，苦底重于涩，且苦味明显，茶性较烈；茶汤入口回甘较快、持久，茶底叶片饱满、柔软、细嫩而肥厚，没有勐海茶苦涩，甜度更持久!

与亚诺寨茶叶协会会长、老支书沙腰的对话：

亚诺寨老支书沙腰

问：你家现有几口人？多少茶树？其中，古茶树有多少？

答：我家六口人，茶地70亩，其中古茶树180棵。

问：近几年，平均每年卖茶收入大约在多少万？

答：平均30万—40万元。

问：从你小时候记事起，爸爸与爷爷们就在做茶叶吗？

答：我记事前，老人都在做茶。

问：小时候，家里的茶叶是交公家还是卖到橄榄坝？当时一斤茶叶大约多少钱？

答：我记事时家里的茶叶都交给当地的外贸公司。当时的价格是一公斤2—4元。

问：家里现在做的茶叶主要是生普还是白茶、红茶？

答：家里现在主要做生普、白茶。

问：自家的茶叶主要卖到广东、福建还是哪里？

答：茶叶主要卖到广东。

问：知道基诺族的英雄操腰吗？听谁说的？

答：听很多老人说过英雄操腰。

问：你认为攸乐山（亚诺寨）茶叶好在哪里？与布朗山、南糯山、易武的茶比，主要有啥特点？

答：亚诺茶的主要特点是兰花香，苦涩偏重，回甘慢，但回甘比其他山头的茶要持久。

亚诺寨有数百年树龄的古茶树

学者这样看

关于茶叶在基诺山乡引发的发展变化，其实并不是一蹴而就，也有方方面面的努力。除了基诺族自己的认识，一些相关的专家学者也有他们的看法。

为了让大家更加客观、全面地了解茶叶对基诺族生活的改变，我又特别找到了两位长期研究基诺族的著名学者——云南大学教授尹绍亭和湖北大学特聘教授郑晓云。同样，着眼于准确表达，同前面的对话一样，我照样请两位老师用微信写好回复我。

被茶树包围的亚诺寨

我与尹绍亭先生的对话：

尹绍亭教授侃侃而谈

尹老师好！想跟您请教几个问题。

第一个问题：您如何看待基诺山从20世纪90年代兴起的橡胶种植问题。在您看来，当时受暴利驱动，不少基诺族寨子放弃了传统的茶叶而种橡胶，这对基诺山乡的生态造成了什么样的后果?

答：50年间，西双版纳橡胶种植面积飞速发展，生态环境急剧改变，目前有关方面公布橡胶种植面积为600万亩，据权威专家掌握的数据，实际上已超过1000万亩。1952年西双版纳有原始森林105万公顷，到1994年只剩下30万公顷。过度种植橡胶等经济作物，不仅极大程度改变了生态环境，而且带来了一系列问题，诸如小气候变化、水源干涸、水土流失、环境污染、灾害频繁、生物多样性严重丧失等。

西双版纳橡胶科学种植划定在海拔800米以下，以上不适合种植，基诺山乡45个寨子只有海拔800米以下的才能种橡胶。

第二个问题：我们以亚诺寨为例，没有种橡

胶，坚持发展茶叶给这个基诺族山寨带来了巨大变化，您怎么看?

答：亚诺寨海拔1600米，不适合种橡胶，没有橡胶问题。茶叶在亚诺寨的复兴不是橡胶问题，主要得益于改革开放、市场经济。

第三个问题：今天云南茶产业蓬勃发展为基诺族这样一个人口较少民族在经济、政治、生活、生态甚至种族等方面带来的变化对基诺族意

优越的自然生态是攸乐茶山最大的优势

味着什么?

答：同样是普洱茶，同样是百年千年的古树茶，昔日政策跑偏，多方打压，可以让它们憋在深山，自生自灭，一文不值；思想一旦解放，改革开放，政策改变，各方大力扶持，短短数年普洱茶即无人不知无人不晓，老树成神，叶子成金！现在一斤茶叶少者数百元，贵者数千元，更有西双版纳班章、临沧冰岛等地的古树茶，一斤甚至卖到两三万元，一般人想买还买不到。

说来外地人不相信，边疆山地民族看似“原始落后”，其实聪明绝顶。

60多年来，虽然经历了合作社分田地，公社化“吃大锅饭”，“以粮为纲”大开荒，砍树毁林，垦山挖梯田，消灭“神林”“神山”等等，但是“任凭风吹浪打”，其他森林可以砍伐破坏，而祖先栽种的老茶山老茶林再困难也不能砍不能毁。三十年河东三十年河西，风水轮流转，现在普洱茶火了，甚至比种橡胶还火，还稳定。事实说明，茶叶作为山地民族的“传家宝”，比之外来的经济作物更具生命力，更具持续发展的后劲。

第四个问题：在您这样的生态人类学家看来，亚诺寨这样依托生态资源优势，特别是依托茶叶资源的优势，彻底摆脱了贫困，实现人与生态和谐发展，像这样的案例在世界上对那些仍然是落后国家和地区的落后民族有没有借鉴意义？

答：2018年6月，我和一位外国学者去勐海考察，晚上逛街进茶店买茶，年轻女店主泡茶招待，说是自家茶山的产品，自产自销。老外询问一年种茶卖茶纯收入有没有几万元，姑娘淡然回答：“我家不算多，一年七八十万吧。”老外吃惊不小，连声感叹。

姑娘的话并非虚言，现在只要去茶山村寨走

走，看看他们盖的房子、开的汽车，就能感受到普洱茶的“厉害”，在他们面前，我这个大学教授可寒酸多了。

现在我们明白了，促使边疆少数民族生计、经济和历史变革的动力是什么？是得益于治国理政方针以及政策的改变，得益于改革开放、市场经济这个大“法宝”。

借鉴意义可能有这样几个方面：尊重民族传统文化，尊重民族的传统知识和智慧，尊重民族的环境认知和资源的利用保护，政府的政策保障，积极融入国家改革开放和市场经济大潮。

山村评茶会

绿树掩映的亚诺寨新居

再看看我与郑晓云教授的对话：

郑晓云教授在基诺族人家里访谈

第一个问题：从20世纪80年代初开始，您一直在基诺山乡搞民族问题调查，当时茶叶在基诺族生活中处于什么地位？是否天天都喝？

答：当时基诺族很多人是有天天喝茶的习惯的，但是都比较简单。一般就是用一个大茶壶煮一壶茶，想喝的时候用个大碗倒，没有什么讲究。几乎没有看到过现在这种泡茶方式。他们种植茶叶主要是为了对外销售，自己消费方面没有什么讲究。

第二个问题：20世纪80年代的基诺族如何看待茶叶在生活中的作用？比如是否因为是“孔明遗种”而敬奉孔明？在采春茶时是否祭祀茶树？

答：春天采茶的时候祭祀孔明的活动基本没有。很多活动是最近几年搞起来的。

第三个问题：我们以亚诺寨为例，坚持发展茶叶给这个基诺族山寨带来了巨大变化，您怎么看茶叶所起的促进作用？

答：在实行了退耕还林以后，基诺族村子里面就不能再种植粮食了，也没有其他的经济来源。因此茶叶的重要性自然被前所未有地提高了，成了开发绿色产业的顶梁柱。基诺山上的三大经济作物，茶叶、砂仁、橡胶在整个山区的分布是不平等的。亚诺寨不能种植橡胶，种砂仁的条件也不好，种植茶叶是最好的。

茶叶的种植和整个外部市场的发展相契合，给这个村子的老百姓带来了实实在在的利益。它的好处表现在几个方面：一是契合绿色发展的理念和山区的绿色优势。二是与社会时尚的发展趋势相吻合。三是有力地支撑了山区的生产结构调整转型。四是继承了传统文化。五是打开了基诺族一个新的文化空间（茶文化空间），拓展了对外的交流（以茶为媒介的社会经济文化交流）。这种对外交流对于基诺族来说是非常重要的。

第四个问题：今天，云南茶产业蓬勃发展为基诺族这样一个人口较少民族在经济、政治、生活、生态等方面带来的变化，对基诺族意味着什么？是否真可以说是翻天覆地的改变？

答：因为有了茶叶产业的提升，基诺族的对外交流多了，就包括我们这些文化人与他们的交往也多了，对他们的文化提升有好处。通过节日等相关的茶叶文化活动，他们也构建了很多新的文化，例如自己的茶文化，包括泡茶的方式、茶具等。到基诺山寻找工作机会的人也慢慢多起来，来到基诺山结婚的外地人也不少（基诺族与汉族、傣族在历史上是从来不通婚的）。这一切都是较大的变化。尤其是生活方式的变化，我们以前谈过亚诺寨几年的时间从茅草房变成了砖房、现在的别墅式住房，这肯定是历史上从来没有过的，可谓天翻地覆，是茶叶带来的好处。

第五个问题：亚诺寨依托生态资源优势，特别是依托茶叶资源的优势，彻底摆脱了贫困，实现人与生态和谐发展，像这样的案例在世界上对那些仍然是落后国家和地区的落后民族有没有借鉴意义？

答：亚诺这个村子在世界上有一定的典型意义，但可能不一定有代表性，因为它难以复制。这样的村子发展起来，一方面要有自然条件，另一方面要有市场。但是，这样的个案在中国和东南亚国家也有一些。

要说到个中经验，那就是依托于自然生态优势，结合市场需求，开发有一定品质的生态产品，这样就可以致富。比如腾冲一些村子种植草果，基诺山20世纪80年代种植砂仁，傣族村子种植橡胶等等，都是两三年就富起来，有的甚至是暴富。但是生态产品的开发，受市场、自然气候因素影响较大，稳定性不强，这也是很大的问题。如何解决这个问题是他们面临的挑战。

家家户户都有车有楼

从上述我与基诺山基诺族人以及研究基诺族专家学者的对话可以看出，古老的茶叶如今促使基诺族人的社会与生活发生了很大的改变。在我看来，最主要的改变是茶叶帮助他们实现了跨越式发展，彻底摆脱了千百年来的贫困，过上了比较富裕的生活，总体上与以往生活水平大幅领先基诺山的我国内地基本实现了同步。

这种经济上的翻身与跨越，也同时促进与带

动了基诺族人在思想理念上的大跨步改变，使他们更加自立、自强、开放、自信，反过来这些思想观念的变化再度帮助他们在经济上不断取得新的进步，日子越来越好，形成了良性循环。

对从20世纪90年代就走进基诺山调查的我来说，到今天，在将近20年的光阴里，今昔对比，完全能够很明显地感觉到茶叶——这一片片古老而神奇的叶子，给云南许多山地少数民族、给基诺族山寨所带来的一点一滴、实实在在的改变。

行走在基诺山，走进每个基诺族山寨、每片茶园、每户基诺族人家，你就会随时随处感受到茶叶对这个“直过民族”的改变。他们的衣食住行，他们的一张张笑脸，分明都写着两个大字：“变化”。

这样的改变是如此的明显，以至于你不需要刻意去观察，都会很轻易地看到，会很轻易地发现。正如亚诺寨青年大学生茶农木腊资所说：“茶改变着基诺族的生活，也塑造着他们的精神。”

不管别人承不承认，茶叶特别是普洱茶，今天，正在日益广泛地进入到社会大众的日常生活；不管他人认不认同，正是因为这片古老神奇的树叶，正是因为茶产业的快速发展，给云南山区少数民族的脱贫致富，给遭受了千年穷困的基诺族、布朗族、哈尼族、拉祜族等少数民族的生活带来了巨大的改变，使得他们终于能摆脱贫困、昂首行走在致富的大道上。

这里，我又想起了英国著名人类学家、剑桥终身院士麦克法兰教授在其《绿色黄金：茶叶帝国》一书里的话："从500年前到现在，饮茶习惯已经传播至全世界。"

通过日本、英国、荷兰等许多国家接受中国茶文化而形成全民饮茶风俗后的事例，他进一步阐述说："因此，饮茶会改变人们的工作方式、女性的地位、艺术和审美的本质，甚至整个国民的气质。和日本、中国一样，饮茶习惯的传播改变了英国社会的方方面面，尽管这几个文明国家因为历史文化的不同而具体情况迥异。"

想不到吧？大名鼎鼎的麦克法兰教授竟然是如此看重茶叶对英国发展进步的重大作用！

的确，诚如麦克法兰先生所言："实际上，茶叶对世界的征服如此成功，以至于我们都忘记了它曾经征服了世界。"

载歌载舞庆祝亚诺村老博啦节

后记

转眼已是2021年的5月，又迎来了一个郁郁葱葱且鲜花盛开的夏天。

在移动互联网带来免费海量信息、纸质化阅读日渐式微的时代，写书尤为不易，出版更是难上加难。去年12月1日，我写完本书初稿后，经历了联系出版社的一点小小波折，一度希望渺茫之际，所幸得到了云南人民出版社的大力支持。此后，我又做了几次修改。责任编辑高照老师热情、认真且负责的态度令我感动，在此我要首先特别特别地深表感谢！

或问：既然今人手机阅读为主、书又难卖，汝等何必非要写书、自讨苦吃？

问得有理，然则我确有特别的话想说。何话如此重要？答曰：茶话也！

又问：茶话果真有如此重要？

然也。

每当我早晨手捧一杯自己冲泡的普洱香茗，我就不由得会问自己：

茶叶作为大自然献给人类的宝贵馈赠，利民利国，又是一种世界上数十亿人都喜欢的健康饮料，难道得此恩惠的我们还能无动于衷不为此做点什么吗?

君不见，联合国从2020年起，正式把每年的5月21日确立为“国际茶日”。目前，全世界有60多个国家和地区的人民有饮茶习俗，饮茶人口达20多亿。就在首个“国际茶日”当天，中国国家主席习近平向“国际茶日”系列活动专门致信表示热烈祝贺。他指出：茶起源于中国，盛行于世界。联合国设立“国际茶日”，体现了国际社会对茶叶价值的认可与重视，对振兴茶产业、弘扬茶文化很有意义。作为茶叶生产和消费大国，中国愿同各方一道，推动全球茶产业持续健康发展，深化茶文化交融互鉴，让更多的人知茶、爱茶，共品茶香茶韵，共享美好生活。

众所周知，中国是世界茶树的原产地，而作为世界茶树发源核心区域的云南省是中国十分重要的产茶大省和独有的普洱茶原产地，历史上就以“六大茶山”著称，而且这古六大茶山又都是云南特有少数民族的世代聚居地。然而，过去很长一段历史时期以来，丰富的茶树资源、大量优质的茶叶并不为世人所认知，也没有让那里的少数民族群众摆脱千百年来一贯的贫穷落后。这很值得深思。

我研究茶叶不仅仅因为它是一种健康的饮料，也不仅仅因为我本身喜欢喝茶。本书写作最初的动机正是源于我做记者对云南贫困山区脱贫问题的关注。

在长期行走云南西双版纳、临沧、普洱、保山、德宏、大理等地众多少数民族聚居的边远地区的茶山采访过程中，我注意到，20世纪七八十年代只有几毛钱、一块钱一斤的，很少有人能看上眼甚至弃若敝履的茶叶，如今备受大众追捧、身价暴涨，短时间内就让那些饱受了贫穷落后之苦的少数民族普通农户迅速过上了高质量的幸福生活。

或许读者朋友以前还不了解，经过近些年的发展，云南省现有茶农600多万，涉茶人口超过1000万，产值已突破1000亿，众多贫困的少数民族群众依靠茶叶自力更生，终于告别了千年贫困。为此，我曾专门写了《茶产业托起云南民族地区脱贫致富梦》的整版调查报告，发表在2020年2月21日出版的《光明日报》第七版上，此文还有幸入选了2020年7月举行的全国高考语文Ⅱ卷试题，在全国反响很是不俗。

通过长期的调查研究，我发现：在澜沧江两岸的深山老林中、在那些神奇的茶叶背后，竟然饱含与隐藏着一个个少数民族的独特历史文化。

在古代，云南的许多少数民族就把茶叶奉为

神明，很早便会食用、种植与加工茶叶，因此，他们祖祖辈辈都与茶叶有着经久不衰、密不可分的联系，茶叶从古至今也都在深刻影响与改变着这些山地民族的生活，并通过茶马古道走向了世界。正是有了这些多姿多彩民族历史文化的支撑，也得益于中国的改革开放和生态文明建设，才使得云南那些原本不值钱、不起眼的茶叶近年来迅速发生了质的变化，迸发出巨大的能量。如今茶叶已经成为帮助云南众多少数民族群众脱贫致富的“金叶子”，改变了许多少数民族家庭世代受穷的命运，基诺山（攸乐山）、老班章、南糯山、冰岛老寨等等都是极为典型的例证。

更加意义深远的是，因为茶叶摆脱了贫困之后，不再为吃饭、穿衣、花钱发愁，有了经济上的富足后，云南数百万的各族茶农开始追求更美好的生活，思想观念发生了重大变化，更愿意学习先进的文化知识，从而不断促进其自身素质的提高，这对民族、对国家都意义非凡。

于是，我毅然在电脑上开始了构思与写作。趁着2020年上半年宅家抗疫的机会，我抓紧一切可以利用的时间，把多年来对基诺茶山等地的调查、思考呈现在本书里。当然，不能不说的是，正是有了祖国的强大，正是因为身在中国，我才能免于其时新冠肺炎肆虐之侵袭，平安、惬意地品着香茗，撰写本书。

需要说明的是，本书不是一本专门的学术理论著作，但又带有一定的学术性。本书实际上更应被看作是一本文化人类学方面的小册子，是一本茶文化方面的通俗读物。而且，为了进一步说明问题，力求图文并茂，在书中我向各位读者朋友奉献了众多精选出来的历史图片，这些全都是我几十年来行走云南茶山时所拍摄的。

我写作本书的目的就是祈望在国内外茶文化日渐兴盛的今天，向社会大众介绍有关基诺族与茶之间的关系，让大家更好地认识茶、更好地知晓基诺族、更好地了解云南的茶文化和中国的茶文化，从而爱茶、喝茶，更好地促进中华茶文化和中国茶产业的发展。同时，我也真心希望能为基诺族的历史文化研究提供一个新的路径、特别的视角，并为相关的民族学乃至人类学研究做出一点力所能及的贡献。

本书在调查写作中得到了许多朋友的支持，我也要真诚地向他们表示感谢！比如说我初稿写作中，6次在基诺茶山采访时得到了众多基诺族茶农朋友切薇、木腊资、沙腰、切木拉及基诺山乡干部飘布鲁等人的帮助。

特别是切薇，她从我最初的采访报道对象变成了我交往多年的朋友，每次去亚诺寨，他们一家人都热情地接待我和我带去的外地朋友，陪同上茶山考察，这份情谊我一直铭记在心。

还得到了我的老朋友，原任云南省社科院民族学研究所所长、现任湖北大学历史文化学院特聘教授郑晓云先生，云南大学教授尹绍亭先生，基诺族研究委员会会长张美琼大姐及青年茶文化专家周重林等人的帮助。当我在写作中遇到一些问题向他们请教时，他们都不吝赐教，并耐心回答我提出的各种问题。郑晓云教授、尹绍亭教授通过电话与微信，认真回复了我列出的一个个具体问题，这使我非常感动。而且，老朋友郑晓云教授百忙中帮我审读了书稿，提出了中肯的修改意见并欣然为本书作序。其间，还得到了雨林古茶坊董事长樊露先生、雨林茶道院院长张敏先生等茶界人士的热情帮助。

当然，本书最终能得以顺利完成，我还必须要感谢我的妻子。她每天都像老黄牛那样勤勤恳恳地为这个家庭奉献着自己的每一分光与热，一方面在照顾自己病重的老母亲，另一方面还要料理家务，为我提供最必要的生活保障，使我能够全力以赴完成本书的写作。

作者谨识于2021年5月28日

主要参考书目

[1] 杜玉亭著：《基诺族简史》，云南人民出版社，1985年版。

[2] 方国瑜著：《云南史料目录概说》（上、中、下），中华书局，1984年版。

[3] 马曜主编：《云南简史》，云南人民出版社，1983年版。

[4] 刘怡、陈平编：《基诺族民间文学集成》，云南人民出版社，1989年版。

[5] 万秀锋等著：《清代贡茶研究》，故宫出版社，2014年版。

[6] 沈冬梅著：《茶与宋代社会生活》，中国社会科学出版社，2015年版。

[7] 艾伦·麦克法兰著：《绿色黄金：茶叶帝国》，社会科学文献出版社，2016年版。

[8] 郑晓云著：《最后的长房——基诺族父系大家庭与文化变迁》，云南人民出版社，2008年版。

[9] 张顺高、梁凤铭著：《茶海之梦》，云

南科技出版社，2007年版。

［10］陈平编著：《基诺族风俗志》，中央民族学院出版社，1993年版。

［11］于希谦著：《基诺族文化史》，云南民族出版社，2000年版。

［12］杜玉亭著：《和而不同的中国民族学探索》，云南大学出版社，2009年版。

［13］《民族问题五种丛书》云南省编辑委员会编：《基诺族普米族社会历史综合调查》，民族出版社，2009年版。

［14］赵佶等著：《大观茶论》（外二种），中华书局，2013年版。

［15］西双版纳傣族自治州人民政府发展生物产业办公室编：《西双版纳州茶志》，云南人民出版社，2018年版。

［16］尹绍亭著：《文化生态与物质文化》，云南大学出版社，2007年版。

［17］李炎等主编：《中国普洱茶产业发展报告》，社科文献出版社，2020年版。

［18］云南省档案馆编：《云茶珍档》，云南民族出版社，2020年版。